天宝 UX5 无人机航测关键技术及其工程应用

王 博 梁钟元 范天雨 著

中国水利水电出版社
www.waterpub.com.cn
·北京·

内 容 提 要

　　本书在阐述 UX5 航测无人机系统构成及工作原理的基础上，系统归纳总结了 UX5 航测无人机操作步骤，研究了 UX5 无人机航测关键技术，展示了 UX5 无人机工程应用实例。本书适用于 UX5 无人机用户，可为无人机驾驶人员、数据处理技术人员提供指导；也可为其他类型无人机用户提供参考和借鉴；还可作为理工科类院校相关专业本科生的培训教材。

图书在版编目（ＣＩＰ）数据

天宝UX5无人机航测关键技术及其工程应用 / 王博，
梁钟元，范天雨著. -- 北京 : 中国水利水电出版社，
2019.8
　　ISBN 978-7-5170-8021-3

　Ⅰ．①天… Ⅱ．①王… ②梁… ③范… Ⅲ．①航测飞
机—无人驾驶飞机 Ⅳ．①V271.3

中国版本图书馆CIP数据核字(2019)第202408号

书　　名	**天宝 UX5 无人机航测关键技术及其工程应用** TIANBAO UX5 WURENJI HANGCE GUANJIAN JISHU JI QI GONGCHENG YINGYONG	
作　　者	王　博　梁钟元　范天雨　著	
出版发行	中国水利水电出版社 （北京市海淀区玉渊潭南路１号Ｄ座　100038） 网址：www．waterpub．com．cn E-mail：sales@waterpub．com．cn 电话：（010）68367658（营销中心）	
经　　售	北京科水图书销售中心（零售） 电话：（010）88383994、63202643、68545874 全国各地新华书店和相关出版物销售网点	
排　　版	中国水利水电出版社微机排版中心	
印　　刷	清淞永业（天津）印刷有限公司	
规　　格	170mm×240mm　16 开本　12.75 印张　250 千字	
版　　次	2019 年 8 月第 1 版　2019 年 8 月第 1 次印刷	
定　　价	**66.00 元**	

前　言

　　无人机起初仅限于应用在军事领域，原本是战场上代替或辅助人类参与战斗的军事武器，最早欧美国家用无人机来执行危险性较高的军事任务。随着国际局势的变化，无人机和很多科学技术一样，淡化了军事属性，成为一类作业平台。作为专业工具，无人机在农业、测绘、能源、安防、救援、物流等领域已经初步显现出了它的实用价值，但仍有很大的空间等待挖掘。

　　在测绘领域，仅靠卫星和有人机难以快速、及时和全方位地获取环境信息，基于无人机平台的测绘技术正是这一缺陷的有效补充手段。无人机具有飞行高度低、分辨率高、获取数据快速等特点，能够满足实时性的要求，所获取的高分辨率遥感图像等数据对于地理信息处理和应用具有重要的意义。

　　无人机测绘技术已经成为测绘科学与技术领域研究的热点，但由于测绘无人机飞行环境的复杂性以及无人机本身性能的限制，导致无人机测绘存在着获取数据幅宽较小、数据量巨大、重叠度不规则且倾角过大、导航定位与姿态测量系统信息不够精确等问题。无人机测绘的这些特点，给传统测绘技术带来了新的挑战，必须针对无人机测绘的特点在技术和方法上有所突破和创新。

　　本书集中了作者及其研究团队近年来在无人机测绘领域的研究成果，在阐述 UX5 航测无人机系统构成及工作原理的基础上，系统归纳总结了 UX5 航测无人机的操作步骤，如任务计划制定、外业航飞、数据处理等；研究了 UX5 无人机航测关键技术，如航测无人机电池保温技术、特殊地形区域像控点坐标测量方法、城区及山区起降点选取方法、像控点布设标靶以及布设方法、马达测试装置及测试方法等；阐述了 UX5 无人机在南水北调总干渠河渠交叉建筑物、石家庄灵寿县磁河、安阳小南海水库、甘肃盐碱地、铜川供水管道以及平舆水环境治理航测项目的实际应用情况。

全书由王博统稿和定稿。本书编写分工如下：第 1 章由梁钟元、庄濮瑞、王毓浩编写；第 2 章由王博、范天雨、凌磊编写；第 3 章由王博、崔志瑞编写；第 4 章由王博、凌磊、吴瀚、屈丹蕾编写。研究生张颜、丁振宇、姜绿圃、王守明、刘梦琪、刘晨、崔玉荣、田静、刘鹏、杨淇、施楠、苏博、谷鑫、贾志涛、石建友等人做了大量的素材整理和航测工作，在此表示感谢。

在本书编写过程中得到了华北水利水电大学聂相田教授、王铁生教授等的指导审阅，他们提出了许多宝贵意见和建议；感谢北京麦格天淑科技发展有限公司曹杰、杜洪涛、马翰霖在无人机飞行作业中的技术支持。

由于编者水平、经验有限，书中难免存在不妥之处，敬请读者批评指正！

编者

2019 年 6 月

目　　录

第 1 章　无 人 机 概 述

1.1　无人机的定义

在我国，习惯上将无人驾驶飞行器称为无人机，英文名称为 Unmanned Aerial Vehicle（UAV），不同文献上对于无人机的定义描述也不尽相同。2002 年 1 月我国出版的《国防科技名词大典·航空卷》，将无人机定义为"不用驾驶员或者驾驶（操作）员不在机上的飞机"。

目前在学术界得到普遍认同的是 2002 年 1 月美国联合出版社出版的《国防部词典》中对无人机的定义："无人机是指由动力驱动、不搭载操作人员的一种空中飞行器，采用空气动力为飞行器提供所需的升力，能够自主或遥控飞行，既能一次性使用也能进行回收，能够携带杀伤性或非杀伤性任务载荷。弹道或半弹道飞行器、巡航导弹和炮弹不能看作无人机。"

根据上述定义，能够搭载有效任务载荷的无线电遥控动力航空模型也应划入无人机的范畴。在实际应用中，由于具备成本低、使用灵活的特点，航空模型搭载照相设备等任务载荷，由操作手遥控或利用加装的飞控系统自主控制飞行，在测绘等应用领域已经发挥了重要作用。

无人机与其配套的控制站、起飞（发射）回收装置以及无人机的运输、储存、检测设备统称为无人机系统。

在国外，无人机在不同的历史时期有着不同的称谓。20 世纪 20 年代初使用的是 Pilotless Airplane；30 年代中期，由于靶机的大量使用，无人机被称作 Drone，到了 1950 年进一步演化为无线电控制空中目标（Radio Controlled Aerial Target，RCAT）；50 年代中期，增加了侦察功能的无人机，称为无人侦察机（Surveillance drone）；60 年代中期，则被称作专用飞机（Special Purpose Aircraft，SPA），不过不久又出现了遥控飞行器（Remotely Piloted Vehicle，RPV）；80 年代中后期，无人机又先后被称作无人驾驶飞行器（Unmanned Aircraft，UMA）和自主飞行器（Automatically Piloted Vehicle，APV）；90 年代初出现了 Unmanned Aerial Vehicle（UAV），之后，又在此基础上派生出了"战术无人机"（Unmanned Tactical Aircraft，UTA）和无人战斗机（Unmanned Combat Air Vehicle，UCAV）。

随着无人机技术的进步和应用领域的拓展，无人机概念的内涵也在不断丰富。美国国防部从 2000 年开始已先后发布了 7 个版本的无人机发展路线图，

2000 版和 2002 版的名称为 Unmanned Aerial Vehicle Roadmap；2005 版名称变为 Unmanned Aircraft System Roadmap，开始把浮空器（包含无人飞艇和系留气球）纳入发展规划，并从系统角度对无人机互操作性进行了分析、评价和预测；2007 版开始，名称则变为 Unmanned System Roadmap，将无人机系统（Unmanned Aerial System，UAS）、无人驾驶地面车辆（Unmanned Ground Vehicle，UGV）、无人驾驶海上航行器（Unmanned Vehicle，UMV）的发展合并到一个全面的无人系统路线图中。

1.2 无人机的分类

按使用功能划分，无人机可分为军用无人机、民用无人机和消费无人机。军用无人机又分为侦察无人机、电子对抗无人机、通信中继无人机、攻击无人机及无人靶机等类型，民用无人机可分为巡查、监视、测绘和探测无人机以及农用无人机等，消费无人机主要用于个人航拍、游戏等休闲用途。

按气动布局划分，无人机可分为固定翼类无人机、旋翼类无人机、扑翼类无人机和复合式布局无人机等。固定翼类无人机飞行时靠动力装置产生前进的推力或者拉力，产生升力的主翼面相对于机身固定不变，主要有常规布局、鸭式布局、无尾或飞翼布局、三翼面等形式；旋翼类无人机产生升力的旋翼桨叶在飞行时相对于机身是旋转运动的，又可分为无人直升机、多旋翼无人机和无人旋翼机，前两种形式的无人机旋翼由动力装置直接驱动，可垂直起降和悬停，无人旋翼机的旋翼则是无动力驱动；扑翼类无人机靠机翼像小鸟的翅膀一样上下扑动来获取升力和动力，适合于小型和微型的无人机；复合式布局无人机由基本布局类型组合而成，主要包括倾转旋翼无人机和旋翼/固定翼无人机等。

按质量划分，无人机可分为微型无人机、小型无人机、中型无人机和大型无人机。微型无人机质量一般小于 1kg，尺寸在 15cm 以内，小型无人机质量一般为 1～200kg，中型无人机质量一般为 200～500kg，大型无人机质量一般大于 500kg。

按活动半径划分，无人机可分为超近程无人机、近程无人机、短程无人机、中程无人机和远程无人机。超近程无人机活动半径为 5～15km，近程无人机活动半径为 15～50km，短程无人机活动半径为 50～200km，中程无人机活动半径为 200～800km，远程无人机活动半径大于 800km。

按飞行高度划分，无人机可分为超低空无人机、低空无人机、中空无人机、高空无人机和超高空无人机。超低空无人机飞行高度小于 100m，低空无人机飞行高度一般为 100～1000m，中空无人机飞行高度一般为 1000～7000m，高空无人机飞行高度一般为 7000～18000m，飞行高度在 18000m 之上的为超高空无人机。无人机的分类见表 1.1。

表1.1　无人机的分类

序号	型号	质量/kg	速度/(km/h)	动力	飞行高度/m	活动半径/km	种类				
							按使用功能分	按气动布局分	按质量分	按活动半径分	按飞行高度分
1	空中鱼雷	900	1020	燃油		150	军用	固定翼	大型	短程	超低空
2	火蜂		1176	燃油	15240	3000	军用	固定翼		远程	高空
3	CT-20	110	1361	燃油		37	军用	固定翼	小型	近程	
4	米拉奇	330	289	燃油			军用	固定翼	中型		
5	长空	1460	920	涡轮	18000	950	军用	固定翼	大型	远程	超高空
6	瑞安147	816	1176	涡轮	15240	1282	军用	固定翼	大型	远程	高空
7	侦察兵	76	160	燃油	100000		军用	旋翼	小型		超高空
8	猛犬	72	185	燃油	14700		军用	固定翼	小型		高空
9	先锋	195	185	燃油	4775	185	军用	固定翼	小型		中空
10	指针	2.2	29~80	电池		8~10	军用	固定翼	小型	超近程	
11	全球鹰	3469	644	燃油	5500	5660	军用	固定翼	大型	远程	中空
12	捕食者	952	240	燃油	4000	3700	军用	固定翼	大型	远程	中空
13	X-47B	6350		燃油	12000	6500	军用	固定翼	大型	远程	高空
14	HTV-2		28000		1000000	8000	军用			远程	
15	X-37B	5000	28044	燃油	1000000		军用	固定翼	大型	短程	超高空
16	MQ-1B	512	217	燃油	7620	161	军用	固定翼	大型	短程	高空
17	MQ-9A	2223	482	燃油	15000	5926	军用	固定翼	大型	远程	高空
18	RQ-4B	11622	644	燃油	19810	22000	军用	固定翼	大型	远程	超高空
19	龙眼	2.3	56	燃油	91~152	5	军用	固定翼	小型	超近程	低空
20	A-03Nart		450		8000		民用		大型		高空
21	长虹	1060	800	涡喷	17500		军用				高空

续表

序号	型号	质量/kg	速度/(km/h)	动力	飞行高度/m	活动半径/km	种类				
							按使用功能分	按气动布局分	按质量分	按活动半径分	按飞行高度分
22	彩虹-3	650	256	活塞	7000		军用	鸭式	大型		中空
23	彩虹-4	1260	235	活塞	5000~7000	2000	军用		大型	远程	中空
24	ASN-206	1100	210	活塞	6000		军用、民用	双尾撑			中空
25	攻击-1	1100	250	活塞	5000		军用	V型尾翼	大型		中空
26	BZK-005	1200	150~180	螺旋桨推进	5000~7000		军用	双尾撑	大型	远程	中空
27	利剑			涡扇		1200	军用	飞翼		远程	
28	ZC-7				4000						中空
29	精灵	1.38	72	电池	6000	5	消费	四旋翼	小型	超近程	中空
30	悟	3.29	108	电池	5000	4	消费	四旋翼	小型	超近程	中空
31	蝠鲼		100	汽油		240	军用、民用			中程	
32	5-A-01	38		涡轮	5000~7000		军用	旋翼	小型		中空
33	TD220	140	100		4000	100	军用		小型	短程	中空
34	筋斗云	4.4		电池			民用	八旋翼			
35	风火轮			电池	1500		民用	六旋翼	小型		
36	F50	1.2	80				民用	集成式多旋翼	小型		中空
37	F100	6	100		3000		民用	四旋翼	小型	短程	中空
38	灵龙	30	100~150	活塞	300~3000	150	军用	双尾撑	小型	短程	中空
39	鹰眼	340.2	185		6096	185.2	军用	倾转旋翼	中型	短程	中空
40	MD4-200	0.7		电池	≤400	≤1	军用、民用	旋翼	微型	超近程	低空
41	微型蝙蝠	0.01		电池			军用、民用	扑翼	微型	超近程	低空

1.3 无人机的发展历程

　　1917 年，英国皇家航空研究院（Royal Aircraft Establishment）初步将空气动力学、轻型发动机和无线电三者结合起来，研制出世界上第一架无人驾驶飞机。同年 12 月，美国发明家 Elmer Sperry 在军方支持下使用自己发明的陀螺仪和美国西部电气公司开发的无线电控制系统成功完成了"空中鱼雷"的首飞。

　　总的来说，无人机的发展经历了四个阶段。自无人机诞生后，至 20 世纪 60 年代，无人机主要用作靶机，处于靶机起步阶段；60 年代之后研制重点为无人侦察机和电子战类无人机，并在战场上崭露头角，80 年代开始进入民用领域，该时期处于初步实用阶段；自 90 年代海湾战争开始，无人机在现代高技术局部战争中得到全面应用，军用无人机开始成体系建设发展；进入 21 世纪后，察打一体无人机投入实战应用，无人作战飞机、空天无人机飞速发展，同时，无人机在民用领域逐步得到广泛应用并形成产业，处于迅速崛起阶段；2010 年以来，无人机发展进入军警民全领域应用的蓬勃发展阶段，未来不可限量。

　　（1）靶机起步阶段（1917—1963 年）。1921 年英国研制成功世界上第一架可付诸实用的无人靶机，该靶机可在 1830m 高度以 160km/h 的速度飞行。此后，英国一直孜孜不倦地发展无人机相关技术。1932 年，英国 Home 舰队携带"费利王后"靶机赴地中海试验，检验靶机飞行性能和舰队防空火力效能。不过富有戏剧性的是，"费利王后"靶机在 Home 舰队密集防空火力中飞行了 2 小时居然毫发未损，这不仅表明当时海军防空武器的低效，同时也充分说明了靶机的实用价值。1933 年英国研制成功著名的"蜂后"（Queen Bee）靶机，随即投入批量生产，10 年间共计生产 420 架，每架都有不少于 20 次的飞行记录，图 1.1 为英国官兵正在遥控"蜂后"靶机飞行。随着英国靶机的投入使用，无人机作为靶机开始被人们认识和发展。苏联于 1934 年研制成功了 ПО-2 机，美国也于 1940—1941 年开始研发生产系列靶机。

　　第二次世界大战之后，导弹的发展促进了靶机的研究与发展，其中最负盛名的有美国特里因·瑞安公司研

图 1.1 遥控"蜂后"靶机

制的"火蜂"（Fire Bee）系列靶机和诺斯罗普公司的"石鸡"（Chuker）系列靶机，两型靶机的订货均超过了 7000 架，水面发射的"石鸡"靶机如图 1.2 所示。此外，法国研制成 CT-20 和 CT-22 靶机，意大利研制成"米拉奇"系列靶机，澳大利亚研制成"金迪威克"靶机，中国研制成长空系列靶机，其他如加拿大、以色列、日本、南非、德国也相继研制成多种靶机。

图 1.2 水面发射的"石鸡"靶机

无人靶机的发展带动了无人机关键技术的进步，为无人机功能和应用领域的进一步拓展奠定了技术基础。至今，新型靶机仍在不断研发中，其技术研究仍将直接影响未来无人机的发展。

（2）初步实用阶段（1964—1990 年）。在越南战场，军用无人机第一次得到大规模实战应用。越战初期，美军先后损失作战飞机 2500 余架，死伤飞行员 5000 余名，为了能以较小的代价摸清北越部队情况，美军决定使用无人机替代有人机实施侦察。1964—1975 年的 11 年间，美军出动"瑞安 147"系列无人侦察机和"QH-50"系列无人直升机共 3435 架次，获得的空中照片占美军侦察总数的 80%，收到明显成效；其中 2873 次安全返回，损失率仅为 16%，美军挂载"瑞安 147"无人侦察机的 C-130 运输机如图 1.3 所示。

1973 年第四次中东战争中，以色列沿苏伊士运河大量使用"BQM-74C"多用途无人机模拟有人作战机群，掩护有人作战飞机超低空突防，成功地摧毁了埃及沿运河部署的地空导弹基地，扭转了被动的战局。

1982 年 6 月 9 日，以色列与黎巴嫩在贝卡谷地交战中，首先利用"侦察兵""猛犬"和"大力士"无人机诱骗叙军"萨姆-6"地空导弹的制导雷达开机，获得了雷达的工作参数并测定了其准确位置，而后使用集束炸弹、常规炸弹和精确制导炸弹进行狂轰滥炸，仅用短短的 6 分钟，19 个"萨姆"导弹阵地便化为乌有。这个举世瞩目的成功战例引起了世界各国的高度重视，无人机

图 1.3　挂载 4 架"瑞安 147"无人侦察机的 C-130 运输机

也因此声名鹊起。

与此同时,无人机在民用领域也开始了应用尝试。例如,20 世纪 80 年代,我国就将自行开发的无人机应用于地图测绘和地质勘探中;在国外,Yamaha 公司受日本农业部委托,于 1987 年采用摩托车发动机生产出 20kg 级喷药无人直升机"R-50",成为首个将无人机用于农业领域的国家。

(3)迅速崛起阶段(1991—2009 年)。20 世纪 90 年代以来的历次高技术局部战争给无人机提供了更加广阔的舞台。在海湾战争中,美军借鉴以色列的成功经验,动用了几乎所有已服役的无人侦察机,如"先锋""短毛猎犬"和"指针"等。这些无人侦察机在侦察、监视、目标捕获、战场管理、舰炮火力支援和战损评估等方面发挥了极其重要的作用。无人机在伊军大约 1000km 的前沿阵地上昼夜侦察,提供了大量有效的战场情报,并首次提供了实时图像,引导地面部队摧毁了伊军 120 多门火炮、7 个弹药库、一个炮兵旅和一个机步连;此外,无人机还作为空袭诱饵,配合反辐射导弹攻击伊军的指挥和防空系统。

在科索沃战争期间,无人机得到了更加广泛的应用,主要执行中低空侦察和战场监视、电子干扰、损伤评估、目标定位、气象资料收集、散发传单、营救飞行员等方面任务,参战的各国无人机共有 7 种约 200～300 架,这是历次局部战争中使用无人机数量最多的一次,也是发挥作用最大的一次。

在 2001 年阿富汗战争中,美国动用了"全球鹰"和"捕食者"无人机,对地面进行全天照相侦察。美军在"捕食者"无人机上加装了"海尔法"导弹,指挥官通过数据链在本土遥控指挥成功击毙"基地"二号人物穆罕默德·阿提夫,由此开创了无人机携带武器执行对地攻击任务的先河,成为军事历史上一个重要的转折点。战争期间,美军无人机共发射了约 115 枚"海尔法"导弹,并为有人飞机投掷激光制导炸弹指示攻击目标 525 次。

在 2003 年的伊拉克战场上，美军部署了 56 架大型无人机以及 60 余架各型战术无人机，共发射 62 枚"海尔法"导弹，为激光制导炸弹指示目标 146 次，同时，无人机在伊拉克战争中又恢复执行传统的侦察任务，为战地司令官提供了大量战场信息。

在民用领域，无人机也越来越多地运用在各行各业中。日本经过 20 多年的发展，已经拥有 2300 余架注册农用无人直升机，操作人员 14000 多人，成为世界上农用无人机喷药第一大国。

在国内，中国测绘科学研究院于 1999 年完成了无人机遥感系统关键技术研究与验证试验，同时研制出无人机遥感检测系统；国内多家公司与科研单位也相继开始对无人机低空遥感开展研究与应用，从此无人机遥感的研究队伍逐渐壮大。

2004 年中国气象局批准了气象无人机在人为影响天气中应用开发项目，并逐步投入实际应用。2008 年初，中国首次将无人机遥感应用于冻雨灾害抢险救灾，为决策部门提供了重要的基础资料并获得了显著的效果。汶川地震发生后，多种类型无人机迅速投入灾区，为灾难救助和灾后重建评估提供了第一手资料，发挥了积极作用。

（4）全民应用阶段（2010 年至今）。在军事领域，无人作战飞机和空天无人机的飞速发展，使无人机逐步成为军事装备体系中的关键力量和维护国家安全的战略制高点；2010 年 3—5 月，美国先后试验试飞了 HTV - 2 猎鹰高超音速无人机和 X - 37B 空天无人机；2012 年 12 月至 2014 年 10 月，X - 37B 在第三次飞行试验中共计在轨时间 671 天，标志着无人机开始向更高、更远、更快的空大领域发展。

在民用领域，无人机已经深入生产和生活的各个方面，在多个行业的应用推动了社会进步，逐步成为促进社会经济发展的重要增长点，更出现了一些创新性的应用。自 2008 年汶川地震以来，每一次地震灾害，轻小型无人机遥感均表现出轻便快速的特质，为救灾减灾提供了重要及时的高分辨率影像数据，例如，2014 年 8 月云南鲁甸地震中，无人机第一时间拍摄了高分辨率影像图，快速了解了房屋损毁、道路受阻、水位上涨及堰塞湖的情况。农用无人机利用搭载的高精度摄像机，实现对农作物生长以及周围土壤、水分等环境的实时监测，并据此播种、浇水、施肥、喷洒农药等。通过无人机的航测发现矿藏和其他资源，并随时监测当地的地质状况，指导矿产资源的开采。在日常使用中，无人机可以对公路、铁路、高压电线和油气管路等重要公共设施进行巡逻，减少事故发生。此外，在测量行业，无人机的使用加快了作业效率，大大减少了人力、财力，应用比较广泛的有 UX5 无人机、"悟"系列无人机等。

1.4　UX5 航测无人机

1.4.1　UX5 无人机的系统组成

无人机系统（Unmanned Aircraft System，UAS），也称无人驾驶航空器系统（Remotely Piloted Aircraft System，RPAS），是由无人机平台、遥控站、指令与控制数据连接以及其他部件组成的完整系统。

UX5 无人机（简称"UX5"）系统有 UX5 平台分系统、任务载荷分系统、数据链分系统、指挥控制分系统、发射与回收分系统。

（1）UX5 平台分系统。UX5 平台分系统是执行任务的载体，它携带任务荷载，飞行至目标区域完成要求的任务。UX5 平台包括机体、动力装置、飞行控制系统及导航子系统等，UX5 平台分系统如图 1.4 所示。

图 1.4　UX5 平台分系统

UX5 无人机导航是指依赖机载电子设备和飞控系统等实现 UX5 无人机的姿态和位置解算、路径规划以及控制到达或者着陆的过程。卫星导航是接受导航卫星发送的导航定位信号，并以导航卫星作为动态已知点，实时测定运动载体的在航位置和速度，进而完成导航与定位。目前世界上能够使用的卫星导航系统有美国的 GPS 导航、俄罗斯的 GLONASS 导航和中国的北斗导航。UX5 无人机使用的是 GPS 导航。

（2）任务载荷分系统。任务载荷分系统是装载在无人机平台上，用来完成要求的航空拍摄任务的分系统，UX5 无人机任务荷载分系统搭载 Sony‐a5100 相机。

（3）数据链分系统。数据链分系统是无人机系统的重要组成部分，其主要任务是建立一个空地双向数据传输通道，用于完成地面控制站对无人机的远距离遥控、遥测和任务信息传输。遥控实现对无人机和任务设备进行远距离操作，遥测实现无人机状态的监测，任务信息传输通过无线信道向测控站传送由机载任务传感器所获取的视频、图像等信息。任务信息传输是无人机完成任务的关键，任务信息传输质量的好坏直接关系到发现和识别目标的能力。UX5 无人机数据传输宽带如图 1.5 所示。

图 1.5　UX5 无人机数据传输宽带

UX5 无人机数据链分系统由几个子系统组成。链路的机载部分包括机载数据终端（ADT）和天线。机载数据终端包括 RF 接收机、发射机以及用于连接接收机和发射机到系统其余部分的调制解调器，机载数据终端如图 1.6 所示。链路的地面部分也称地面数据终端（GDT）。地面数据终端包括调制解调器、一条连接机载终端和地面控制站的天线以及地面控制站中的处理器和接口，调制解调器如图 1.7 所示。

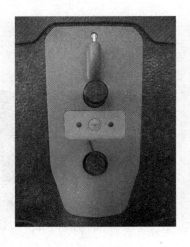
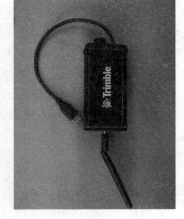

图 1.6　机载数据终端　　　　　图 1.7　调制解调器

（4）指挥控制分系统。指挥控制分系统的作用是完成指挥、任务数据加载、无人机地面和空中工作状态监视与操作控制，以及飞行参数、态势和任务数据记录等任务。UX5 无人机指挥控制分系统由飞行操控系统设备、飞行航迹与态势显示软件、任务规划设备以及通信设备组成。

UX5 无人机的操控方式分为自主控制和指令控制两种方式。自主控制也称为程序控制，是由飞控系统按照预先设定的航路和任务规划控制无人机飞行，无需人工参与；指令控制是由操作员通过地面站发送遥控或遥调指令，无人机由飞控系统响应这些指令的控制方式。飞行控制系统简称飞控系统，在无人机上的功能主要有两个：一是飞行控制，即无人机在空中保持飞机姿态与航迹的稳定，以及按地面无线电遥控指令或者预先设定好的高度、航线、航向、姿态角等改变飞机姿态与航迹，保证飞机的稳定飞行，这就是通常所谓的自动驾驶；二是飞行管理，即完成飞行状态参数采集、导航计算、遥测数据传送、故障诊断处理、应急情况处理以及任务设备的控制与管理等工作，这也是无人机进行无人飞行和完成既定任务的基础。UX5 无人机飞控设备如图 1.8 所示。

（5）发射与回收分系统。发射与回收分系统的作用是完成无人机的发射（起飞）和回收（着陆）任务。

发射与回收分系统主要包括发射和回收有关的设备和装置，UX5 无人机发射通过发射架和载机平台完成，回收采用硬着陆。UX5 无人机发射架如图 1.9 所示，载机平台如图 1.10 所示。

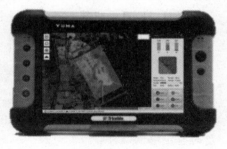

图 1.8　UX5 无人机飞控设备

图 1.9　UX5 无人机发射架

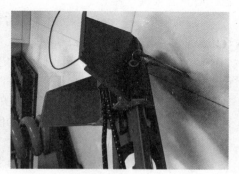

图 1.10　载机平台

1.4.2　UX5 无人机的结构组成

（1）机翼。机翼的主要功能是产生升力，升力用来支持飞机在空中飞行，同时机翼也起到一定的稳定和操作作用，在机翼上安装有副翼，副翼可控制飞机转弯。

1）机翼受力情况：机翼主要承受空气阻力、自身重力和惯性力、降落时地面的反作用力、飞机其他部件的重力和惯性力以及机身的反作用力。

2）机翼的基本结构形式：UX5 机翼的结构形式是蒙皮骨架式。

3）机翼的受力构件的构造及功用：UX5 机翼与机身通过骨架连接在一起，外部用航空材料包裹，其作用像悬臂梁一样能合理传递剪力、弯曲力矩、扭力矩；同时，为保证良好的气动外形、翼剖面不变形，机翼还需要保持一定的强度。

4）机翼结构基本特点：有足够的强度和刚度，质量轻，机件连接方便，生存力强，成本低及维护方便等。

（2）机身。机身的主要功用是装载各种设备，并且将飞机的其他部件（机翼、尾翼以及发动机等）连接成一个整体，机身一方面起到固定尾翼和机翼的作用，另一方面留有足够空间搭载动力装置、信号接收装置以及航摄装置等。机身特点如下：

1）气动方面：从气动方面看，由于机身只产生阻力不产生升力，因此，机身尺寸尽量小，且外形呈流线型，保证飞行质量。

2）结构方面：有良好的强度和刚度以及韧性，确保 UX5 无人机在俯冲降落时有足够的缓冲。

3）使用方面：机身有足够的空间用来安装电池、相机、通信和马达等装置，而且还要便于维修。

4）通信方面：机身搭载的有通信装置 ebox，控制飞机的飞行前调试、飞行中监控、发送降落指令一系列过程。

（3）尾翼。尾翼是用来配平、稳定和操作固定翼无人机飞行的部件，通常包括垂直尾翼（垂尾）和水平尾翼（平尾）两部分。水平尾翼由水平安定面和升降舵组成，水平安定面是固定的，升降舵是可动的。垂直尾翼包括固定的垂直安定平面和可动的方向舵，方向舵用于控制飞机的横向运动，升降舵用于控制飞机的纵向运动。

（4）发射装置。UX5 无人机发射装置的作用是起飞和停放时用来支撑无人机，无人机的起落架由减震支柱和机轮组成。发射架的主要作用是承受起飞滑行时产生的能量，使飞机能在发射架跑道上运动，便于起飞时的滑跑，发射架应满足如下基本要求：

1）确保无人机能在滑道上自由移动。

2）有足够的强度。

3）飞行时的阻力最小。

4）飞机在发射架轨道运动时要有足够的稳定性与操作性。

5）工作安全可靠。

（5）动力装置。UX5 无人机动力装置是由螺旋桨推进器、电动机及保证发动机正常工作的系统组成。

UX5 无人机使用的电动马达选用的是无刷直流电机，与电子调速器配套使用，具有良好的启动和调速性能，使用方便、环保，且输出功率不受海拔高度影响。UX5 无人机使用的聚合物锂离子电池是继镍镉电池、镍氢电池之后的第三代小型蓄电池，具有工作电压高、能量大、放电电位曲线平稳、自放电小、循环寿命长、低温性能好、无记忆、无污染等突出的优点。

1.4.3　UX5 无人机的飞行原理

（1）空气动力学知识。当一个物体在空气中运动时，或者当空气从物体表面流过的时候，空气对物体都会产生作用力，我们把这种空气作用在物体上的力称为空气动力。

空气动力作用在物体的整个表面上，它既可以产生对飞机飞行有用的力，也可以产生对飞机飞行不利的力。升力是使飞机克服自身重量保持在空气中飞行的力；阻力是阻碍飞机前进的力。为了使飞机能够在空气中飞行，就要在飞机中安装发动机，产生向前的推力去克服阻力；飞机和空气发生相对运动，产生升力去克服重力。

为了进一步讨论飞机的升力和阻力，我们需要简单介绍一下空气动力学的几个基本原理。

1）相对性原理。在运动学中，把运动的相对性称为相对性原理或者称为可逆性原理。

相对性原理对于研究飞机的飞行是很有意义的。飞机和空气做相对运动，无论是飞机运动而空气静止，还是飞机静止而空气向飞机运动，只要相对速度一样，那么作用在飞机上的空气动力就是一样的。

根据这个原理，在做实验的时候，可以采用一种称为风洞的实验设备，这种设备利用鼓风机或其他方法在风洞中产生稳定的气流，把模型放在风洞里，进行吹风实验，用来研究飞机的空气动力问题，模型在风洞里飞行时测出的数据和模型在空气中以相同的速度飞行时测出的数据是相近似的。

2）连续性原理。为了一目了然地描述流体的流动情况，需要引入流线的概念，流体微团流动时所经过的路径称为流线，流线图如图 1.11 所示。

从图中可以看到，截面宽的地方流线稀，截面窄的地方流线密。由于流线只能在通道中流动，在单位时间

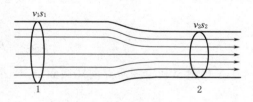

图 1.11　流线图

内通过通道上任何截面的流体质量都是相等的，因此，连续性原理可以用式（1.1）表示：

$$\rho v s = 常数 \tag{1.1}$$

假设流体是不可压缩的，也就是说流体密度 ρ 保持不变，截面 1 的面积是 s_1，截面 2 的面积是 s_2，通过截面 1 时的流体速度是 v_1，通过截面 2 时的流体速度是 v_2，于是有

$$v_1 s_1 = v_2 s_2 \tag{1.2}$$

由式（1.2）和图 1.11 可以看到，截面窄、流线密的地方，流体的流速快，截面宽、流线稀的地方，流体的流速慢，通过以上分析就很容易解释窄水流速快，路面窄风力大的现象了。

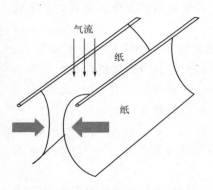

图 1.12 伯努利定律

3）伯努利定律。如果两手各拿一张薄纸，使它们之间的距离为 4～6cm，然后用嘴向这两张薄纸中间吹气，如图 1.12 所示。你会看到，这两张纸不但没有分开，反而相互靠近了，而且用嘴吹出来的气流速度越快，两张纸就靠得越近，这就是由于伯努利定律的作用。简单来说就是流体的速度越快，静压力越小；速度越慢，静压力越大。

从这个现象可以看出，当两张纸中间有空气流过的时候，中间空气流动的速度快，压强变小了，纸外压强比纸内大，内外的压强差就把两张纸压向中间，中间空气流动的速度越快，纸内纸外的压强差也就越大，两张纸就靠得越近。

伯努利定理是能量守恒定律在流体中的应用。当气体水平运动的时候，它包括两种能量：一种是垂直作用在物体表面的静压强的能量，另一种是由于气体运动而具有的动压强的能量，这两种能量的和是一个常数。

静压强就是通常讲的压强，用 p 表示；动压强用 $\frac{1}{2}\rho v^2$ 表示，其中 ρ 是空气密度，如果忽略气体的压缩性以及温度变化的影响，伯努利定理可以用式（1.3）表示：

$$\frac{1}{2}\rho v^2 + p = 常数 \tag{1.3}$$

用伯努利定理研究前述截面情况，就有

$$\frac{1}{2}\rho v_2^2 + p_2 = \frac{1}{2}\rho v_1^2 + p_1 \tag{1.4}$$

从式（1.4）可以得知，在 ρ 不变的情况下，由于截面 2 处的流速 v_2 大于截面 1 处的流速 v_1，所以截面 2 处的静压强 p_2 小于截面 1 处的静压强 p_1。

伯努利定律在日常生活中也常常应用，最常见的喷雾器，伯努利定律的应用如图 1.13 所示。当压缩空气朝 A 点喷去时，A 点附近的空气速度增大，静压力减小，B 点的大气压力就把液体压到出口，刚好被压缩空气喷出成雾状。

（2）升力和阻力。

1）升力的产生。综合上述的 3 个定理，有如下结论：流管变细的地方，流速大，压力小；反之，流管变粗的地方，流速小，压力大。根据这一结论，就可初步说明机翼上产生升力的原因了。

从空气动力角度来看，飞机的几何外形由机翼、机身和尾翼等主要部件共同构成。飞机的升力绝大部分是由机翼产生的，尾翼通常产生负升力，飞机其他部分产生的升力很小，一般不考虑，无人机受力分析如图1.14 所示。

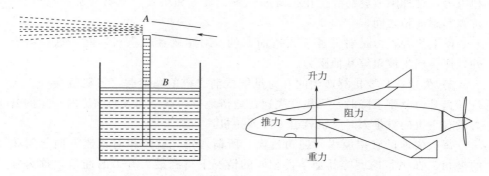

图 1.13　伯努利定律的应用　　　　图 1.14　无人机受力分析

　　空气流到机翼前缘，分成上、下两股气流，分别沿机翼上、下表面流过，在机翼后缘重新汇合后向后流去。机翼上表面比较凸出，流管较细，说明流速加快，压力降低，而机翼下表面，气流受阻挡作用，流管变粗，流速减慢，压力增大，于是机翼上、下表面出现了压力差，垂直于相对气流方向的压力差的总和就是机翼的升力，这样，重于空气的飞机借助机翼上获得的升力克服自身重力，从而翱翔在蓝天。

　　机翼升力的产生主要是靠上表面吸力的作用，而不是靠下表面正压力的作用。一般机翼上表面形成的吸力占总升力的 60%～80%，下表面的正压形成的升力只占总升力的 20%～80%。

　　2）阻力的产生。无人机在空气中飞行会受到各种阻力，会阻碍无人机的前进，阻力是与无人机运动方向相反的空气动力，按阻力产生的原因可分为摩擦阻力、压差阻力、诱导阻力和干扰阻力。

　　a. 摩擦阻力。黏性是空气的重要物理特性之一，由于黏性，当空气流过无人机表面时，会与无人机表面发生摩擦，产生一个阻止飞机前进的力，这个力就是摩擦阻力。摩擦阻力的大小是由空气的黏性、飞机的表面状况以及同空气相接触的无人机表面积共同决定的，空气黏性越大，无人机表面越粗糙，表面积越大，摩擦阻力也就越大。

　　b. 压差阻力。在运动方向上，向前、向后的压力差形成的阻力叫压差阻力，例如人在逆风中行走，会感到阻力的作用，这就是一种压差阻力。无人机的机身、尾翼等部件都会产生压差阻力。

　　c. 诱导阻力。升力产生的同时还对无人机附加了一种阻力，这种因产生升力而诱导出来的阻力称为诱导阻力，是无人机为产生升力而付出的一种"代价"。

　　d. 干扰阻力。干扰阻力是无人机各部分之间因气流相互干扰而产生的一种阻力，这种阻力容易产生在机身和机翼、机身和尾翼、机翼和发动机短舱、机翼和副油箱之间。

　　以上 4 种阻力是对低速无人机而言的，对于高速无人机，除了这些阻力外，还会产生波阻等其他阻力。

　　3）失速。只要机翼产生的升力足够抵消飞机的总荷载，飞机就会一直飞行，当升力急剧下降时，飞机就失速，通俗地讲，就是当飞机前进时产生的升力没有飞机的重量大时飞机就会下降或摔机。

　　每次失速的直接原因是迎角过大，所谓迎角，就是相对气流方向与翼弦的夹角。在飞行速度等其他条件相同的情况下得到最大升力的迎角，称为临界迎角。在小于临界迎角范围内增大迎角，升力增大；超过临界迎角后，再增大迎角，升力反而减小。迎角增大，阻力也增大，迎角越大，阻力增加越多；超过临界迎角，阻力急剧增大。对于不同的翼型，这个临界迎角也不同。

　　对于 UX5 无人机来说，为了顺利起飞，需要使用发射器发射。飞机起飞与降落是沿着与地面成 30°夹角方向前进，而且前进方向都是逆风，因为是相对于风的速度产生了升力，而非相对于地面的速度，所以，起飞需要一片方位理想、开阔、没有障碍物的场地。

　　无人机的飞行速度等于失速速度时飞机是会直线下坠的，如果低于失速速度就更不能维持飞行状态了，因此，必须把飞行速度提高到高于失速速度，才能保证飞机正常飞行而且要保持这种速度直到降落。接触地面时，飞机速度从一个值（高于失速速度）降到 0，整个着陆过程非常剧烈，尤其是 UX5 无人机是在自动驾驶模式下采用滑行飞行时。

　　UX5 无人机着陆是最容易损坏的时候，因为低速度会影响操作指令的执行效果。无人机限定最大上升角度为 30°，超过这一角度时，无人机的速度和升力会骤降；同时，限定最大下降角度为 14°，超过这一角度时，无人机的速度会猛增。

　　天宝 UX5 后处理型无人机具有领先的影像捕获质量和数据精度，所有地形和所有天气条件下均具有高能性，反向推进力可确保在有限的空间准确降落，经久可靠的解决方案适合集约化使用，全面自动化的 Trimble Access 工作流程易于使用和安全操作，数据处理使用 Trimble Business Center 的 Photogrammetry 模块进行简单的数据处理，用 Trimble Inpho UASMaster 进行高级处理等特点，UX5 后处理型无人机主要性能参数见表 1.2。

表 1.2　　　　　　　UX5 后处理型无人机主要性能参数

硬件	无人机类型	固定机翼
	质量	2.5kg
	翼展	1m
	尺寸	100cm×65cm×10.5cm
	机翼尺寸	34dm²
	材料	EPP 发泡胶，碳质框架结构，复合材料
	推进力	电动推进式螺旋桨，700W 无刷电机
	电池	14.8V，6000mAh
	相机	2400 万像素，无反射镜（APSC），使用自定义 15mm 镜头
	飞行控制器	Trimble 坚固耐用型平板电脑
操作	续航时间	50min
	范围	60km
	巡航速度	80km/h
	飞行高度上限	5000m
	飞行前系统准备时间	5min
软件	任务规划软件	Trimble Access Aerial Imaging
	飞控软件	Trimble Access Aerial Imaging
起飞	类型	弹射起飞
	角度	30°
降落	类型	机腹着地
	角度	14°
降落空间（L×W）	典型	20m×6m
	建议	50m×30m
	天气限制	风速小于 65km/h 和抗小雨
	通信和控制频率	2.4GHz（FHSS）
	通信和控制范围	5km
影像捕获性能	分辨率（GSD）	2.0～19.5cm
	飞行高度（相对起飞位置 AGL）	75～750m

1.5　本章小结

　　本章阐述了无人机的定义、无人机的分类以及无人机的发展历程，研究了 UX5 航测无人机的系统构成、结构组成及飞行原理。

第 2 章 　天宝 UX5 航测无人机操作步骤

2.1 　任务计划制定

2.1.1 　添加项目地图

在 UX5 无人机的飞控软件 AI 中一个项目至少有一个地理参考背景地图，地理参考地图内的对象与唯一的地理位置相关联，以保证无人机按照任务要求进行航测。地理参考背景地图可以使用在线地图、离线地图以及地理参考地图。

（1）在线地图。使用在线地图时，要确保测区内有互联网访问途径，且信号良好。首先需要在 AI 的设置（⚙）里改变网络模式，在地图上点击🔍，然后输入测区的位置，放大、缩小或平移，直至找到测区的地图区域为止。在线地图总是以一个图层呈现，不能删除，每个项目只能呈现一个在线地图层。

（2）离线地图。若测量网络信号不好，则需提前下载离线地图，离线地图下载步骤如下：

1）在 Google Earth 中画出测区边界，Google Earth 主界面如图 2.1 所示；在菜单栏中选择"添加"→"多边形"，弹出对话框，多边形特性如图 2.2 所示；输入多边形名称，在"样式/颜色"中修改特性，对线和面积选择合适颜色、宽度（填充形式）和不透明度，在地图中选定测区范围，测区范围如图 2.3 所示；将该区域边界另存为 KML 格式文件并导出，导出边界线如图 2.4 所示，由于飞机与控制手簿间的信号连接距离有限，而且起飞降落点的位置可能不在测区内，所以在选择边界时要稍大一些，测区边界向外约 1.5km，具体可根据测区形状和位置进行选择。

2）在电脑中打开飞控软件 Aerial Imaging，选择"新建"，建立新项目，在地图层中（❀）选择🠗，将之前导出的 KML 边界文件导入到该项目中，下载离线地图，如图 2.5～图 2.8 所示。

（3）地理参考地图。若测区信号不好且离线地图无法下载，可通过 Google Earth、GEtScreen 和 Global Mapper 下载地理参考图，以此作为项目背景地图。具体制作步骤如下：

1）对 Google Earth 软件进行必要的设置：打开 Google Earth 进行如下操作：工具→选项→3D 视图→图形模式→"DirectX"，并把"使用安全模式"

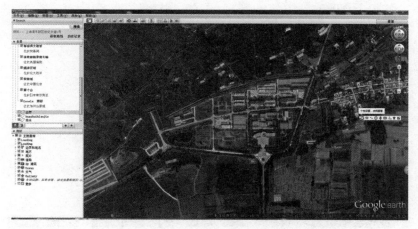

图 2.1 Google Earth 主界面

图 2.2 多边形特性

图 2.3 测区范围

图 2.4　导出边界线

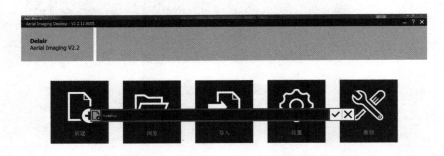

图 2.5　新建项目

图 2.6　导入测区边界

图 2.7 导入测区在线地图

图 2.8 下载测区离线地图

打钩，地形选项里"使用高清地形图"打钩，如图 2.9～图 2.11 所示。

导航选项设置如图 2.12 所示。

之后点击"应用"→"确定"，Google Earth 设置完成。

2）对所需下载的区域在 Google Earth 上进行截取。找到将要飞行区域，飞行区域如图 2.13 所示。之后运行 GEtScreen 软件截图，GEtScreen 截图如图 2.14 所示。

选择"两点定位"，此时"两点定位"变成"放弃定位"，之后右键选定两点（确保两点选中的区域完全包含飞行区域）设置截图高度，一般以 1～2km 为宜，延迟时间默认为 100ms（可根据网速快慢设置，网速慢可加长延迟时间），其他显示默认即可，完成后点击"图片计算"，如图 2.15 所示。

图 2.9　Google Earth 界面

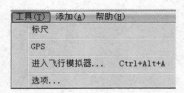

图 2.10　工具栏

图 2.11　图形模式　　　　　　　　图 2.12　导航选项设置图

接着在"更多截图功能"里点击"网格截图"，如图 2.16 所示。

图 2.13 飞行区域

图 2.14 GEtScreen 截图

图 2.15 "图片计算"

图 2.16 "网格截图"

点击"网格截图"后弹出对话框，如图 2.17 所示。

单个网格包含的截图数量（张），按照默认即可（意思为截图时会分为 500 份小图截取，最后 500 张小图拼接为最终选中区域的图片），点击"开始网格截图"，选择图片保存路径，等待截图完成，截图提示如图 2.18 所示。

此时图片保存路径里有已截出的图片和对应的 map 文件，如图 2.19 所示。

001.jpg　　001.map

图 2.17　网格截图选项卡　　　图 2.18　截图提示　　　图 2.19　截图文件

3）在 Global Mapper 软件中把 JPG 图片转换成 Geotif 文件。运行 Global Mapper 软件，打开数据文件，选择截取图片打开，Global Mapper 界面如图 2.20 所示。

图 2.20　Global Mapper 界面

打开后如图 2.21 所示。

点击文件→输出→输出光栅/图像格式，在弹出窗口中选择 Geotiff 文件格式，如图 2.22～图 2.23 所示。

4）在 AI 软件里导入制作的 tif 文件。运行 AI 软件，打开一个下载过底图的项目（因为 AI 软件本身问题，在不联网的情况下，项目无法打开，就无

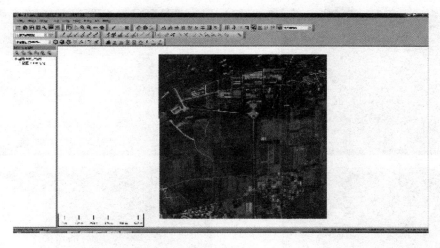

图 2.21　文件打开后图

图 2.22　选择导出格式选项卡

法导入 tif 文件），之后点击导入一个项目，项目导入过程如图 2.24 所示。

导入后将原项目底图删除，保存项目即可，项目保存如图 2.25 所示。

注意：这种方法制作的项目背景地图可能会与实际区域位置有偏差，因此制作完成后，必须先与实际地理位置进行对比，满足误差要求时才可使用。

（4）在地图上添加信息。在项目地图上可以添加避让区，KML 文件的点、线、多边形和文本，SHP 文件的点、线和多边形，GPX 文件的点和线，CSV 文件的地面控制点（GCPs）等多种格式的文件。

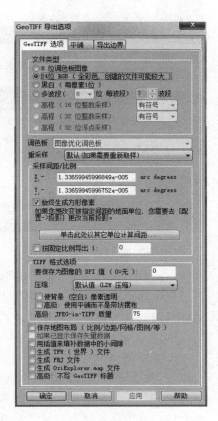

图 2.23　Geotiff 导出选项卡

图 2.24 项目导入过程

图 2.25 项目保存

避让区是飞机巡航过程中自动避开的区域，可以根据实际需要添加一个或多个，在地图层 ◈ 中，点击 ◈，然后绘出或导入此区域的边界，可添加一个避让区。

1）避让区的具体绘制步骤如下：

a. 点击 ✎，在地图顶部将会出现一个工具条，可以添加多边形、矩形或椭圆形区域，点击工具条上合适的形状，可以绘出此区域。对于多边形，需在每个边界点 □ 上点击鼠标，确定边界，对于矩形或椭圆形，在地图上点击鼠标，一个标准尺寸的形状将会出现，鼠标点击的位置是形状的中心，可通过拖移四角的边界点，确定边界。

b. 点击 ✔，停止绘制并确认形状，避让区则会出现在右侧列表中。

c. 点击 ✘ 可清除形状。

2）避让区的导入步骤如下：

a. 点击 ▤，选择 KML 边界文件，KML 文件中的所有多边形在地图上和地图层列表中都将作为避让区出现。

b. 点击 ▤，选择 SHP 边界文件。SHP 文件中的所有多边形在地图上和地图层列表中都作为避让区出现。

避让区添加完成后可对其进行编辑：在地图上点击和移动边界点□，可以调整避让区的大小和形状；在地图上点击并移动它，可以调整避让区位置；点按区域上的箭头↻，在地图上拖动鼠标可旋转形状；点击形状的边缘可以添加边界点；点击边界点并拖到另一个边界点上，可以删除边界点。图形和矩形不能添加和合并边界点。

（5）地图层管理。在线地图是地图的默认图层，总是在地图的最底层，不能移到上面。

离线地图层或 GeoTiff 地图层处于在线地图的上面和其他图层的下面，例如避让区、KML、SHP 或 GPX 文件层。

默认出现地图层的最顶层。左侧列表中从上到下的图层顺序即为地图中的显示顺序，点击图层名称，拖动左侧区域，可在列表中上下移动图层。

列表中的图标♀表示该地理参考地图是主地图，是作为绘制形状时的参考地图。当在线地图可用时（有互联网连接并且在线地图层可见），默认在线地图为主地图。

在列表上选择该层，然后切换列表上方的按钮，按钮作用如图 2.26 所示，可以改变图层的状态。

在列表中选择该图层，然后点击列表下面的🗑可以移除不再需要的图

图 2.26 图层状态列表

层。在线地图层和主地图是仅有的地理参考地图时，不能删除。

在列表上选择该层，然后点击该层的名称，可以对图层重新命名，但在线地图层不能重新命名。

点击合适的图标，可以在在线地图的卫星视图✗、道路视图▥和地形视图⊙之间切换（仅限于 Google Maps）。

查看地图时，用"＋"和"－"按钮放大和缩小地图。点击■显示地图网格线，用［按钮把地图和它的所有层缩放到最佳视图，在平板电脑上查看地图在各处平移时，如果有 GPS 连接，点击◉可以把地图对中到当前的 GPS 位置。

2.1.2 飞行计划制定

项目背景参考地图设置完成后，按照下达的任务要求，添加区块，确定精度；根据飞机的单次飞行时间、飞行高度及测区面积，对测区进行分块处理，并大致布设标靶位置及数量。

（1）添加区块。根据任务要求，在 Aerial Imaging 中添加区块：点击⬡，然后绘出或导入区块的形状。

1）绘制区块。

a. 点击✎，在地图的顶部将会出现一个工具栏（一个多边形或矩形区域），点击工具栏上合适的形状，然后绘出区域。对于多边形，在每个边界点上点击鼠标；对于矩形，在地图上点击鼠标，会出现一个标准尺寸的形状，鼠标点击的位置是形状的中心，通过拖动矩形的 4 个角点可以改变矩形的位置和大小。

b. 点击✔，停止绘制并确认形状，区块出现在右侧列表中。

c. 点击✘，可清除形状。

2）导入区块。

a. 从 KML 文件中，导入区块可点击⬚，选择 KML 文件，KML 文件中的所有多边形在地图上和列表中都将作为区块出现。

b. 从 SHP 文件中导入区块可点击⬚，选择 SHP 文件，SHP 文件中的所有多边形在地图上和列表中都将作为区块出现。

正常区块添加后为蓝色，避让区显示为红色，若出现橙色的区块说明该区块与避让区有重合，需对区块范围进行调整。UX5 无人机巡航转向时需±200m 的空余距离，因此区块与避让区的最近距离不能小于 200m。

（2）编辑区块区域。区块添加后可根据需要对区块进行大小及位置调整。选择区块，然后点击地区块上方的🔒，可禁用编辑区块；切换列表上方的
◉/◉/●，可隐藏飞行路线；如果需要编辑区块区域，在地图上或列表中选择该区块，然后进行以下操作：点击并移动地图上的边界点□，可以调整区块的大小或形状；在地图上点击并移动它，可以调整区块位置；在地图上点按区块上的箭头↻，然后拖动鼠标，可以旋转区块形状；点击形状的边缘，可以添加边界点；点击某一个边界点并把它拖到另一个边界点上，可以删除边界点；矩形区块不能添加或移除边界点。

（3）编辑区块属性及航测精度。点击列表中区块名称旁的✎，打开属性内容逐项进行设置。

1）航测飞机类型选择 UX5，测绘区块的传感器类型（即相机型号）选择 Sony a5100·15mm，15mm 表示相机镜头焦距。

2）根据测绘要求设定地面样本距离（GSD ⬚）或高度↕，对 Sony A5100 相机，默认值是在 100m 高度飞行时获得的 GSD 值，为 2.61cm。

GSD（地面样本距离）域是每个像素所代表的地面距离。GSD 域中的值越小，影像信息越详细，在处理完影像之后，需要指定一个等于或小于最终正射影像所需要的分辨率。如果 GSD 域中的值大于需要的最终分辨率，那么，在飞行期间所拍摄的影像细节将会不足，影像处理软件将需要插入额外像素。这会导致影像达不到设定的分辨率。

GSD 和飞行的高度是相链接的。航测飞机飞得越高，地面样本距离越大。这种地面样本距离是用飞行期间所摄影像中的每个像素代表的。

　　由于相机外部镜头采用弗伦达（Voigtländer）15mm 定焦距镜头，相机的成像元件尺寸为 23.4mm×15.6mm，像素 6000px×4000px，所以相机分辨率为 0.39μm，视场角 75.87°，地面分辨率与飞行高度的关系如图 2.27 所示。$a=0.39μm$，$f=15mm$，h 代表飞机飞行相对高度，由于飞机飞行高度范围是 75～750m，由式（2.1）可确定 GSD 的范围对应为 2.0～19.6cm。

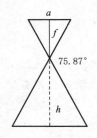

图 2.27　分辨率与飞行高度关系图

$$GSD = ah/f \qquad (2.1)$$

　　3）输入影像航向重叠度■和旁向重叠度■的值。默认值是 80%。影像重叠度范围可以是 40%～90%，但一般不采用小于 80% 的重叠度，因为这可能会导致缺乏连接点而数据处理阶段进行成果精度降低，甚至无法处理成功，尤其是在飞行高度低、区域中包含树木或其他高大物体或者区域缺乏纹理的情况下更是如此。

　　默认情况下，航向重叠度和旁向重叠度值是相互链接的，所以，当其中一个值发生改变后，另一个值也会相应改变。点击■，可以"阻断"链接以使重叠度能够各自独立地设定；点击■可以重新建立链接。重叠度越高，精度越高，但相同区域内飞行线路密度也越大，飞行时间越长，拍的照片也越多，数据处理时间也越长。因此应根据所需要的精度、飞行时间和影像数目，选择合适的重叠度。

　　4）设定飞行航线时，点击■或■，可左转向或右转向的方式进入区块。该设置也定义了飞机将要飞行到达的第一个航路点，空速将自动设置到 22.22m/s。

　　（4）设定飞行方向。当选择一个区块时，出现在区块上方的飞行路线表示飞机将飞越该区块的方向。

　　UX5 的飞行方向总是正交于风向飞行，并且所有转向都应该迎着风。默认的风向是北风，地图的上方是北方向。根据现场风向，点击地图右上角的风向箭头，并拖动它，使它表示的风向与现场风向一致，飞行路线将相应地旋转。

　　为了确保在飞行期间能够平滑地转向以及不太多的逆风和顺风，需要根据当地实际风向正确地设置风向。但是，当飞行区域对航线有要求的时候（例如：当区块是狭窄的矩形时），应该总是让飞行路线沿着矩形的最长一侧，而无需考虑风向（风力不大时），这时可以禁用按风向控制飞行路线，选择区块，然后点击列表上方的■，■图标出现在列表上方和地图上，点击地图上的■，并在地图上拖动鼠标，就可以手动调节飞行路线的方向，或者，在区块属性的 🔄 域中，输入飞行路线的旋转角度。手动设置飞行线路时，需要保证飞行路线的方向与风向偏离角度在 45°以内，当超过 45°时，列表上方的手动飞行路线图标将变为红色，以此作为警告，此时飞机飞行安全性降低。

如果飞行路线改变为红色，这表示有一条或多条飞行路线（包括转向所需要的另外±200m）与一个避让区发生了重叠。此时需对区块进行编辑，把飞行路线从避让区中移出来。

（5）区块分割及管理。AI 软件会根据设置的精度（飞行高度）、重叠度（航向、旁向）和区块的大小预估覆盖区块所需要的总飞行时间，该飞行时间中不包括到达和离开起飞和着陆位置的时间。

如果估算的飞行时间超过了飞机单次飞行的最大时间，在列表中的区块名称旁将会出现一个警告指示⚠，此时就必须对区块进行分割：

1）选择区块，然后点击 ✂，在地图的顶部会出现一个工具条，通过工具对区块进行分割。

2）点击 ✥。默认情况下，区块是通过围绕区块的矩形边界框中心并且垂直于风向分割的。

3）用鼠标点击并拖动分割线的边界点 ☐ 可以改变分割区域。

4）点击 ✔，确认对区块的分割，初始区块被划分为两部分，都出现于右侧列表中。

5）重复上面的步骤，直到每个区块的预估的飞行时间小于最大飞行时间为止，同时还需要考虑起飞和着陆时间。

6）如果要撤销分割，可以对已分割的区块进行组合，选中要组合的区块，在工具条上点击 ✥，然后选择要合并的另一个区块，此时只能合并或重叠相邻的区块，点击 ✔，确认合并，合并后的区块属性与第一个选定区块相同。

在列表中选择一个区块，切换列表上方的按钮可改变区块的属性，图标的含义如图 2.28 所示。

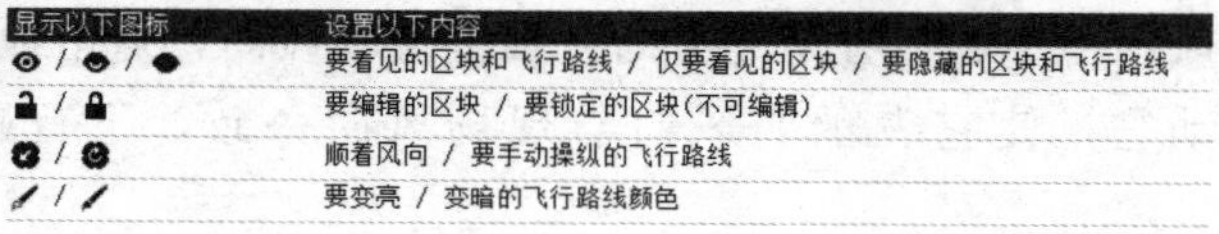

显示以下图标	设置以下内容
◉ / ◒ / ●	要看见的区块和飞行路线 / 仅要看见的区块 / 要隐藏的区块和飞行路线
🔓 / 🔒	要编辑的区块 / 要锁定的区块（不可编辑）
⊘ / ⊗	顺着风向 / 要手动操纵的飞行路线
╱ / ╱	要变亮 / 变暗的飞行路线颜色

图 2.28　图标的含义

点击区块旁边的 ⋮⋮，可上下移动列表中的区块，列表上部出现的区块在地图上将显示为最上层的区块。

如果需要用不同的 GSD 和重叠度的值扫描同一个区域，可以通过复制区块来解决，在列表或地图上选择该区块，然后点击列表下面的🗐，即可复制区块。

选择该区块，然后点击🗑，可以移除不再需要的区块。

在列表中选择该区块，然后点击该区块名称，可重命名该区块。

区块一般有以下几种状态：

1）无图标：没飞行。

2）◎已成功测绘、日志文件已下载并且设置已被冻结。

3）◉没有成功测绘并且设置已被冻结。

4）◉已飞行并在等待完成飞行后检查表，以确定是否成功测绘了区块。设置被冻结了。

这里需要注意，对具有状态图标◎、◉或◉的区块，不能删除，但是，可以复制这些区块，然后编辑复制后的区块。

（6）航线规划。制定飞行计划需要考虑地形条件、地物以及高度。地形起伏、地物高度不同时的重叠度和分辨率不同，不同的重叠度和分辨率将直接影响结果的精度。重叠度示意图如图 2.29 所示。对于低重叠度，会有更少的匹配点、更少的影像连接、更差的平差强度，低重叠度如图 2.30 所示；对于高重叠度，有更多的匹配点、更多的影像连接、更好的平差强度，高重叠度如图 2.31 所示。

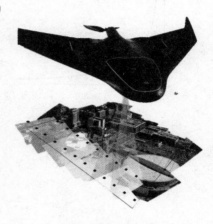

图 2.29　重叠度示意图

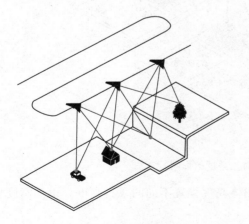

图 2.30　低重叠度

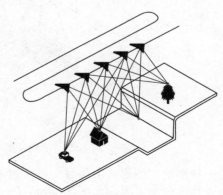

图 2.31　高重叠度

因此需要根据需求设置重叠度，70%的重叠度可以满足出图要求，80%的重叠度可以满足出图和一般测绘要求（默认值），90％的重叠度可以满足测绘要求，重叠度与测量误差的变化关系如图 2.32 所示。

在理想情况下，地面较平整，重叠度的影响示意图如图 2.33 所示。但是在一般情况下，航测区域的地形都是有变化的，而且还会遇到各种地物，如房屋、森林等，地物、地貌高度的变化会影响照片的重叠度，地貌高度对重叠度的影响示意图如图 2.34 所示，房屋对重叠度的影响示意图如图 2.35 所示，森林对重叠度的影响示意图如图 2.36 所示。

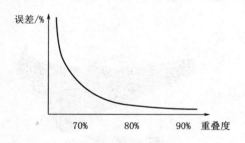

图 2.32　重叠度与测量误差的关系　　　　图 2.33　地物重叠度的影响示意图

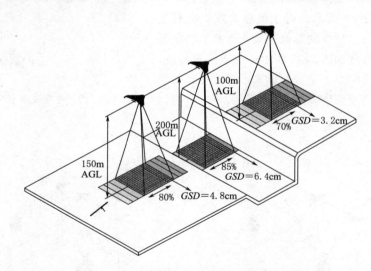

图 2.34　地貌高度对重叠度的影响示意图

特别的，如遇到山体时，可按照山体高度设置不同的飞行高度，山体高度与飞行高度关系图如图 2.37 所示。

（7）像控点布设。利用像控点可以将坐标系转换成我们所需要的地方坐标系，且为了保证精度，每一个架次至少需要 5 个像控点，确保像控点均匀分布于整个区域，控制点布置示意图如图 2.38 所示。

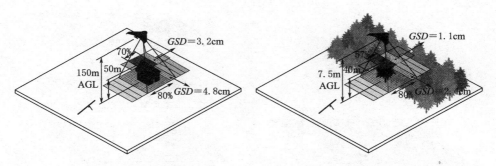

图 2.35 房屋对重叠度的影响示意图　　　　图 2.36 森林对重叠度的影响示意图

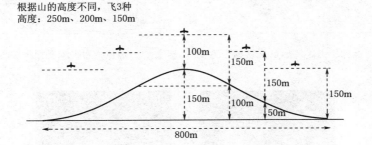

图 2.37 山体高度与飞行高度关系图

遇到森林、山区等地形变化的地方要加大像控点布设，尽量布设于高处以及低处，如图 2.39 和图 2.40 所示。

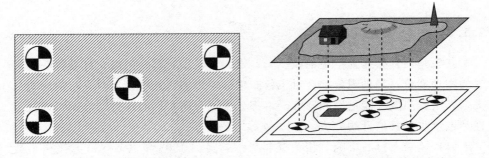

图 2.38 控制点布置示意图　　　　图 2.39 像控点一般布设方式

如果像控点布设不合理，可能会导致结果出现挠曲现象，如图 2.41 所示。

像控点标志物的选择直接影响数据处理的精度，好的标靶色彩反差大，大小适当，如图 2.42 所示；差的标靶色彩不明显，靶点中心不易识别，如图 2.43 所示。

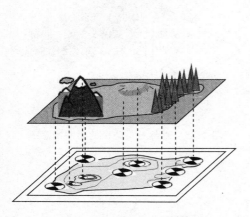

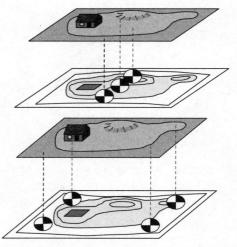

图 2.40　森林、山区等地形区域铺设方式　　图 2.41　像控点布设不合理产生的挠曲现象

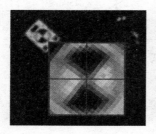

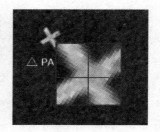

图 2.42　好标靶点中心　　　　　图 2.43　差标靶点中心

2.1.3　气象信息采集

气象是指发生在天空中的风、云、雨、雪、霜、露、闪电、打雷等一切大气的物理现象，每种现象都会对飞行产生一定影响，其中，风对飞行的影响最大，其次是温度、能见度和湿度。本部分主要介绍它们对飞行的影响，以及定性和定量收集其信息的方法。

（1）风对飞行的影响。相关资料显示，美国 1993 年共有 180 起飞机事故与各种风有关，其中 38 起飞行事故造成人员死亡或严重受伤，25 架飞机毁坏，138 架飞机实质性损坏，所以，风对飞行的影响很重要，因为它能影响起飞、着陆和巡航飞行操作。对风的形成种类及模式的良好理解，在制订飞行计划和飞行过程中会有很大的帮助，可以趋利避害。

风与飞行的关系极为密切，飞机起飞着陆、选择飞行高度、领航及计算飞机活动路径和油料消耗等,都必须考虑风的影响。风的种类主要有顺风、逆风、侧风、阵风、风切变、下沉气流、上升气流和湍流等,下面主要介绍顺风、逆风、侧风和风切变及其对飞行的影响。

1) 顺风是指运动方向与飞机起飞运动方向一致的风。这种情况下起飞是非常危险的,因为无人机的方向控制只能靠方向舵完成,而方向舵上没有风就无法正确控制方向,容易造成飞行事故。

飞机的垂直尾翼在逆风情况下有利于对飞机的方向控制,而顺风则不利于对飞机的方向控制,顺风还会增加飞机在地面的滑跑速度和降低飞机离地后的上升角,而且速度增加值大于顺风对飞机空速的增加值。

2) 逆风是指运动方向与飞机起飞运动方向相反的风。这种情况下起飞是非常安全的,因为无人机的方向控制只能靠方向舵完成,而方向舵上有风就容易正确控制方向,容易保障起飞的稳定和安全。逆风可以缩短飞机滑跑距离、降低滑跑速度和增加上升角,这样就不容易冲出跑道。

3) 侧风是从侧面吹来的风。飞机降落时如遇到侧风剧变,有可能会使飞行偏离跑道中线,近半数飞行事故是侧风造成的。在侧风情况下,要不断地调整飞行姿态和飞行方向,而且尽量向逆风方向调整,即在起飞阶段,飞机离开地面后,向逆风方向转弯飞行。

4) 风切变的定义有很多种,如:它是指风速和风向在空间或时间上的梯度;它是在相对小的空间里的风速或风向的改变;它是风在短距离内改变其速度或方向的一种情况,其区域的长和宽分别为 25～30km 和 7～8km,而其垂直高度只有几百米。风切变的特征是诱因复杂,来得突然,时间短,范围小,强度大,变幻莫测。风切变对飞行的影响有:顺风风切变会使空速减小,逆风风切变会使空速增加,侧风风切变会使飞机产生侧滑和倾斜,垂直风切变会使飞机迎角变化。总的来说,风切变会使飞机的升力、阻力、过载和飞行轨迹、飞行姿态发生变化。

风切变对无人机的影响不易觉察,一般通过自驾仪自动完成调整。在低空遥控飞行时,如果发现飞机的飞行动作与遥控指令不一致,说明遇到风切变,这时应使无人机保持抬头姿态并使用最大推力,以建立稍微向上的飞行轨迹或减少下降。

5) 最令人担心的是无法预测的阵风。这种风会让原本笔直的飞行路线变得蜿蜒曲折,让拍摄测量数据的计划毁于一旦,空中悬停的无人机会像溜溜球一样上下起伏不定。

阵风在靠近地面处风力最强,因为在接近障碍物或地面时,会由于遇到阻力而产生旋涡。这种情况对要着陆的固定翼无人机来说非常危险,因为阵风会导致飞机在低速状态下连续失速。另外,风吹入狭小空间时风速加快(比如两个建筑物之间，或者两座山之间），这就是"文丘里效应"，而且，风速会随着海拔升高而加快，在离地面 100m 处的风常比地面风的风速高 10km/h。如果无人机因风力而偏航，操控人员的第一反应应该是让无人机下降到风力较弱的高度。

（2）上升气流与下降气流。更复杂的是，空气出现湍流的情况时往往没有明显的规律可循。气流在地势高低起伏的地方会产生动力效应：在迎风坡上升（利于延长飞行持续时间），然后下降，甚至突然下降并转向。在山区、滨海的沙丘和悬崖边飞行时，应该注意这种现象。

阳光照耀大地时也会造成空气流动。和大家通常的想法不同，气流流动要在几十米高处才能感受得到。零散的小片云是上升气流的中心，但是，在天气特别干燥的时候，即使没有小片云也会存在上升气流，尽管无人机有自动驾驶仪和引擎的帮助，但在飞行过程中还是会上下颠簸。

（3）云和雨。无人机应该对一个"魔鬼"敬而远之，而外行人对此知之甚少，这个"魔鬼"就是积雨云，这种云形如铁砧，预示着暴雨即将来临，积雨云通常伴随骤雨、冰雹、强风。小到塞斯纳（Cessna）小型飞机，大到空中客车巨型飞机，所有飞机都要避开积雨云，躲开强劲的气旋，以免导致飞机失控。气旋会把固定机翼无人机吸上数千米的高空。积雨云的影响范围达到 10km 以上，等积雨云远离后再让无人机起飞，才是稳妥的做法。

云是无人机的敌人，它会让操作者看不到无人机，也会遮蔽飞机、直升机等无人机应该避开的物体。

在冬天，云层通常很低，所处的高度让人难以估计，有经验的无人机操控人员有一个应对方法——关注航空天气预报，这种天气预报每小时都会指出最低云层的高度，操控人员可以根据天气预报做好安全防范。

电子元件不喜欢水！尽管一些无人机的结构拥有一定的封闭性和防水性，可以抵御小雨，但大多数多旋翼无人机并不防水，而且，雨水会妨碍无人机的拍摄工作（尤其是透视效果的照片），同时，雨滴还会打湿镜头。

不论飞机大小如何，无人机、飞机、直升机都要遵守同样的物理法则，面对同样的天气约束。

（4）气象情报的采集。气象情报可以通过专用仪器进行采集，也可以通过观察、询问、上网收集获得。下面只重点介绍风、温度、湿度和能见度数据的采集。

1）风数据的采集。

a. 风速的检测。风速表征风的强弱，是指空气流动的快慢。在气象学中特指空气在水平方向的流动，即单位时间内空气移动的水平距离，以 m/s 为单位，取一位小数。最大风速是指在某个时段内出现的最大 10min 平均风速值；极大风速（阵风）是指某个时间内出现的最大瞬时风速值；瞬时风速是指3s 的平均风速。风速可以用风速仪测出，分12 级，1 级风是软风，12 级风是飓风，一般大于4 级风（和风）时就不适宜无人机的飞行。风级、风速、风向的常见数值见表2.1。

表 2.1 风 速 表

风 级	风速/(m/s)	名 称	参照物现象
0	0～0.2	无风	烟直上
1	0.3～1.5	软风	树叶微动，烟偏，能辨出方向
2	1.6～3.3	轻风	树叶微响，人面感觉有风
3	3.4～5.4	微风	树叶和细枝摇动不息
4	5.5～7.9	和风	能吹起灰尘、纸片，小树枝能摇动
5	8.0～10.7	劲风	有时小树摇摆，内陆水面泛小波
6	10.8～13.8	强风	大树枝摇动，电线呼呼响，举伞困难
7	13.9～17.1	疾风	全树摇动，大树枝弯下来，迎风步行不便
8	17.2～20.7	大风	树枝折断，迎风步行阻力很大
9	20.8～24.4	烈风	平房屋顶受到损坏，平房小屋受到破坏
10	24.5～28.4	狂风	可将树木拔起，可将建筑物毁坏
11	28.5～32.6	暴风	陆地少见，摧毁力很大，造成重大损失
12	>32.6	飓风	陆地上绝少，其摧毁力极大

b. 风向的检测。地表面风向的检测可以通过在遥控器天线上系一条红色丝绸带，将遥控器天线拉出并直立，观察到红色丝绸带飘动的方向，即风吹来的方向。也可以用风向标观察风的方向，风向标分为头和尾，头指向的方向即为风向，如头指向东北就是东北风。风向的表示有东风、南风、西风、北风、东南风、西南风、东北风、西北风。

2）温度数据的采集。温度是表示物体冷热程度的物理量，温度只能通过物体随温度变化的某些特性来间接测量，而用来度从物体温度数值的标尺叫温标。目前国际上用得较多的温标有华氏温标、摄氏温标和国际实用温标。

温度测量一般采用水银柱、酒精柱、双片金属、铂电阻、热电偶和红外测温等方式。

3）湿度的测量。湿度是指空气中含水的程度，可以由多个量来表示空气的湿度，包括绝对湿度、蒸汽压、相对湿度、比湿、露点等。用来测量湿度的仪器称为湿度计。

4）能见度数据的采集。气象能见度是指视力正常的人，在白天当时的天气条件下，用肉眼观察，能够从天空背景中看到和辨认的目标物的最大水平距离。国际上对能见度的定义是："烟雾的能见度定义为不足 1km；薄雾的能见度为 1～2km；霾的能见度为 2～5km。"烟雾和薄雾通常被认为是水滴的重要组成部分，而霾和烟由微小颗粒组成，粒径相比水滴要小。能见度不足 100m 的称为能见度为零，在这种情况下道路会被封锁，自动警示灯和警示灯牌会被激活以示提醒。在能见度为 2km 的情况下，无人机绝对不可以起飞。空军气象台预报的能见度级别有 1km、2km、4km、6km、8km、10km 和 10km 以上几个等级。

2.1.4　室内检查

出发前，需进行系统的室内检查，包括以下六个部分：

（1）许可证检查：飞行人员应取得该型号无人机的驾驶证书，无人机已经实名登记注册，测区的其他要求等。

（2）电池检查：控制手簿、飞机、相机和跟踪器（若有）的电量都应满电，GPS 机头、手簿及基站电瓶电量充足。

（3）任务计划检查：地面像控点数量、位置是否确定，测区所在地区是否有禁飞区域，航测精度是否确定。

（4）飞行系统检查：飞机机壳是否有损伤、伺服器是否能正常工作、相机和镜头是否完好、发射架轮滑是否顺畅、弹绳弹力是否充足、各种配件是否齐全。

（5）测区天气状况：通过气象局天气预报及时了解测区天气状况，特别是风向和风速情况。

（6）区域确定与资料准备：根据任务要求确定无人机测绘作业区域，充分收集该区域相关的资料，了解地形地貌以及起降点等情况，并进行分析，确定无人机对区域条件的适应性，最后制定初步的外业航飞实施方案。

2.2　外业航飞

2.2.1　坐标系校正

一般测量工作中，都是使用国家坐标系（北京 1954 坐标系、西安 1980 坐标系、CGCS2000 大地坐标系）或者地方坐标系，而 GPS 测量结果是基于 WGS84（World Geodetic System 1984）的坐标系统，所以在进行一项新的任务之前，必须要做点校正，以求出两种坐标系统的转换参数。

坐标系之间的转换可以利用已有的七参数或三参数，也可以利用 GPS 自带的软件进行点校正求四参数和高程拟合。

2.2.2 起飞前准备

（1）起飞场地的选择。对于无人驾驶固定翼飞机，起飞跑道（起飞场地）是必不可少的，因此选取能满足无人机起飞要求的跑道非常重要。选取起飞场地主要考虑 5 个方面的因素：起飞跑道的朝向、长度、宽度、平整度及周围障碍物。对于 UX5 来说，是用弹射架弹射起飞，要求从发射点 50m 范围内，发射方向左右 30°的扇区，必须是一个净空区，不能有任何遮挡物，从发射点 50m 到 280m 范围内，在由 15°安全角到发射方向左右 25m 距离所确定的安全航线上方，一定不能出现障碍物，安全起飞航线示意图如图 2.44 所示。

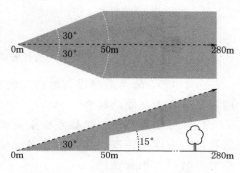

图 2.44 无人机起飞航线示意图

（2）降落场地的选择。当进入着陆航线时，在航线中心的 300m 半径范围内，一定不能有障碍物。一旦飞机从巡航飞行高度下降了 25m，净空区就只需要 150m 半径。无人机飞行区域净空条件如图 2.45 所示。

沿着陆的最终航线，在着陆方向左右 15m 的范围，不能有障碍物出现。安全着陆航线示意图如图 2.46 所示。

在着陆的最终航线，垂直断面显示为灰色的区域中，不能有障碍物出现。此外，着陆位置上不能有障碍物，并且满足指示的最小面积要求：线性着陆时场地面积要求 30m×50m，曲线着陆时场地面积要求 30m×75m，如图 2.47 所示。

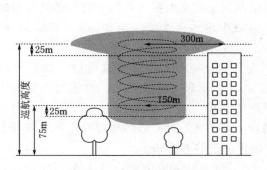

图 2.45 无人机飞行区域净空条件

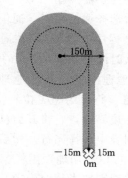

2.46 无人机安全着陆航线示意图

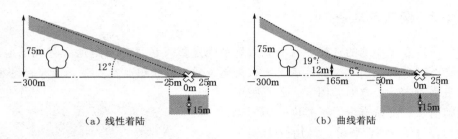

图 2.47　线性着陆与曲线着陆对比图

由于 UX5 降落后是靠与地面之间的摩擦力来停止滑动，因此降落点周围应该平整、无坚硬凸起物。

（3）标靶点测量。坐标系校正完成后对标靶进行测量，以测量结果对航拍照片进行坐标系转换。在飞机起飞前或巡航结束后，对测区标靶点的测量，避免测点时对航拍有遮挡。

（4）飞行设置。将内业制作的任务计划（gwt 格式文件）导入手簿 AI 软件中，进行现场查勘，检验区块设置是否合理，是否需要进行调整，检验完成后，添加飞行，选择区块进行航测。

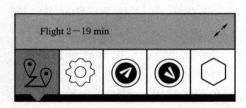

图 2.48　添加飞行示意图

1）添加飞行。在项目中，点击✈，将会有一个新条目出现在列表中，点击该条目旁边的✈，可以打开定义列表，如图 2.48 所示。

在飞行菜单上点击⚙，选择将用来执行飞行任务的航测飞机和传感器类型，即 UX5、Sony A5100 15mm。航测飞机和传感器选择项还可以用来筛选可以添加到飞行中的区块，当区块设置的飞机和传感器类型一致且时间在允许范围内时，在○中才能选择为飞行区块。然后选择通信超时，通信超时值是用来定义航测飞机失去通信链路后何时激活紧急程序（返航）。在通信超时域中输入一个 20s 至 1500s（25min）的值，默认时间是 120s（2min）。

2）地理围栏设置。地理围栏是围绕 GCS 位置的虚拟周边。如果没有 GCS 位置，将使用起飞位置。周边是由半径和高度定义的。当航测飞机到达地理围栏边界时，它将开启已经设定的模式。

在列表中选择飞行，然后在列表上点击✈，可以启用地理围栏，在列表上点击⊘，可以禁用地理围栏。设定地理围栏的方法如下：

在地理围栏半径域中⊖，输入一个 500～5000m 的值，默认值是 2000m。

在地理围栏高度域中⊥，输入一个 75～1000m 的值，默认值是 1000m。

3）起飞属性设置。在飞行菜单上点击◉，将会有一个工具栏出现在地图上。

当不用 GPS 定位时，可在 Aerial Imaging Desktop 或 Tablet 软件中，点击◉，然后点击地图，设置位置。此时，一个新条目出现在右侧列表中，一个箭头表示起飞航向的起飞别针出现在地图上，同时还显示出"已计划和不活跃"的状态图标◉，点击✔确认添加的位置（可以添加任意多个起飞位置）。

当用 GPS 添加新位置时，需要操作人员走到起飞位置，然后在 Aerial Imaging Tablet 软件中点击♟，起飞别针出现在地图上，它同样是用一个箭头表示起飞航向，同时显示出"已固定和不活跃"的状态图标◎，同样在右侧列表中会出现一个标签为♡的新条目（可以固定任意多个起飞位置）。

针对某次飞行选择已定义的位置时，可在地图上点击起飞别针，或选择列表中起飞位置旁边的单选钮。此时，起飞别针状态改变成"已计划和活跃"◉或"已固定和活跃"◎。选中的起飞位置会自动添加到飞行摘要中，点击图标♙可查看飞行摘要。

起飞航向默认情况下是区块选项卡中设定的风向。当默认航向前方有障碍物时，可以点击起飞别针旁的箭头，旋转它改变起飞方向，以避开障碍物。当起飞方向与默认方向偏离 45°以上时，起飞航向图标将变成红色，表示超出安全限定。

当选定飞行区块时，将会在区块上显示起飞及巡航路线，在地图上点击并拖动航路点■，可编辑起飞路线，使其起飞更加安全可靠。

在区块选项卡的区块属性上点击▤或▤，可以选择用左转向或右转向的方式进入区块，该设置也将定义飞机要飞往的第一个航路点，起飞的路线会相应改变。

如果要删除起飞位置，点击地图顶部工具栏中的◉，然后选择您想删除的起飞别针，点击✔确认删除的位置。

重复此步骤，删除不需要的起飞位置。

4）降落属性设置。在飞行菜单上点击◉，会有一个工具栏出现在地图上。

当不用 GPS 定位时，可在 Aerial Imaging Desktop 或 Tablet 软件中，点击◉，然后点击地图，设置位置。此时，一个新条目出现在右侧列表中，一个箭头表示着陆航向的着陆别针出现在地图上，同时还显示出"已计划和不活跃"的状态图标◉，点击✔确认添加的位置（可以添加任意多个起飞位置）。

当用 GPS 添加新位置时，需要操作人员根据现场场地情况自选着陆点，然后走到着陆位置，在 Aerial Imaging Tablet 软件中点击♟，着陆别针出现在地图上，它同样是用一个箭头表示着陆航向，同时显示出"已固定和不活跃"的状态图标◉，同样在右侧列表中会出现一个标签为♡的新条目（可以固定任意多个着陆位置）。

针对某次飞行选择已定义的位置时，可在地图上点击着陆别针，或选择列表中着陆位置旁边的单选钮。此时，着陆别针状态改变成"已计划和活跃"◉或"已固定和活跃"◉，选中的着陆位置会自动添加到飞行摘要中，点击图标🏃可查看飞行摘要。

着陆航向默认情况下是区块选项卡中设定的逆风方。在野外设置着陆航向时，应将地图放大至最大级别，然后用 GCS 走到航向中大约 20～30m 位置，此时 GCS 在地图中移动，再点击着陆别针旁的箭头，旋转它改变着陆方向，最后在地图的 GCS 图标◉上方设置最终的着陆航向。当着陆方向与默认方向偏离 45°以上时，着陆航向图标将变成红色，表示超出安全限定。

设置着陆航向后，根据着陆点与起飞位置的高差对着陆偏移量进行设置。点击🏔设置着陆偏移量，有效值从 −25m 到 +25m，负值代表着陆位置比起飞位置低，默认为 0，表示起飞位置与着陆位置在同一高度。

根据着陆类型可将着陆分为线性↘着陆或曲线↘着陆，根据实际现场的着陆条件可进行选择。当区域净空较小时，选择线性着陆，可使飞机快速着陆，但受地面冲击大；当区域净空较大，有条件选择曲线着陆时，尽量选择曲线着陆，曲线着陆时，飞机滑翔距离远，时间长，但受地面冲击小，尤其适合在硬地面着陆。

当选定飞行区块时，将会在区块上显示着陆及巡航路线，可选择着陆点左旋↺或者右旋↻来避开着陆方向上的障碍物，同时在地图上点击并拖动航路点🅛，可编辑着陆路线，使其着陆更加安全可靠。

如果要删除着陆位置，点击地图顶部工具栏中的🗑，然后选择您想删除的着陆别针，点击✔确认删除。

重复此步骤，删除不需要的着陆位置。

5）选择飞行区块。一次飞行可以覆盖不止一个区块，区块可以链接到一次以上的飞行，根据区块选项卡中定义的区块数目和大小，可能需要几次飞行才能覆盖所有区块。

图 2.49　飞行区块选择示意图

如果需要重复一次飞行，可在列表中选择飞行，点击列表下的🗐，复制飞行，点击飞行名称旁的✈，然后执行飞行菜单中的每项操作，重新定义飞行，如图 2.49 所示。

如果要移除不再需要的飞行，可选

择该飞行，然后点击列表下面的🗑，将移除此次飞行存储在平板电脑中的飞行数据。

在列表中选择该飞行，然后点击飞行名称可以重命名飞行。

飞行可以有以下几种状态：

a. 无图标：没飞行。

b. ⊕已飞行并且设置已被冻结。

c. ⊘已飞行、日志文件已下载并且设置已被冻结。

不能重命名、更改或删除具有状态图标⊕或⊘的飞行。但是，您可以复制这些飞行，然后编辑复制后的飞行。

（5）飞行前检查。飞行前准备完成后，选择飞行区域生成飞行检查表选项卡🗒中本次飞行信息，对飞行区域、参数、设备等进行详细检查，确保飞行状态良好，圆满完成飞行任务，具体检查信息见表2.2。

表 2.2　　　　　　　　　　信 息 检 查 表

基本信息	
飞机型号	UX5
相机型号	Sony A 5100 15mm
飞行时长	根据航条和飞行属性生成
影像数量	根据航条生成
通信超时值	20～1500s（默认值为120s）
起飞属性	
起飞点坐标	根据现场设定位置生成
起飞角度	根据实际风向调整（最大范围45°）
飞行路由	由起飞到达航路点的方式（起飞属性中设置）
区域选择	根据设计的区域选择
飞行路线	根据进入航条的方式选择左侧进入或右侧进入
像元大小	由设置的飞行高度生成
航向重叠率	0～100%（默认80%）
旁向重叠率	0～100%（默认80%）
区域面积	由选定区域生成
航条内影像数量	根据航条及相机设置生成
航条内飞行时速	80km/h
航条内飞行时间	根据航条生成
着陆属性	
飞行路由	脱离航路点后着陆方式

续表

着陆点坐标	根据现场设定位置生成
着陆角度	根据实际风向调整（最大范围 45°）
起降点高差	根据现场起飞点和着陆点实际高差确定（默认 0m）
盘旋方向	由着陆方向上障碍物设置左旋或者右旋
着陆方式	根据着陆点条件设置直线着陆或者曲线着陆

检查飞行信息后保存项目，当 UX5 无人机携带 Sony A5100 相机时，进行飞行操作，根据以下步骤进行：

1）连接调制解调器：把天线接到调制解调器上；把调制解调器和天线接到手的背面；把调制解调器电缆插到平板电脑的 USB 端口；点击提醒软件检查是否连接了调制解调器；当与调制解调器建立了连接后，软件将自动移到飞行检查表的下一步。

2）连接电池：把充满电的电池插入航测飞机的电池盒中；把电池上的主电源接头与无人机的电源接口连接起来；连接好电池后，eBox 将从关闭模式改变成开启模式（请参看 eBox 的 LED 状态）；点击提醒软件与自动驾驶仪建立连接，并且对航测飞机和传感器类型进行检查。

3）检查航测飞机和传感器类型：软件会自动检查正在使用的航测飞机和传感器类型与在项目计划时所选择的航测飞机和传感器类型是否一致；当航测飞机和传感器类型正确时，软件会自动移到飞行检查表的下一个步骤；如果检查不成功，则会出现一条错误消息；当接受消息后，检查表取消。如果要继续该项目，更新项目计划或使用正确的航测飞机和/或传感器。

4）准备相机：把空 SD 卡插入 Sony A5100 相机；打开相机电源，检查相机屏幕，以确保其显示合适的图标；确保镜头设置适合天气条件，根据天气情况设置曝光率；相机聚焦是由制造商设定的，不能更改；但是，当更换相机机身或镜头时，您应当小心地自调聚焦；先用湿镜头纸再用干镜头纸彻底清洁相机镜头；确保没有潮湿或灰尘斑点，因为这会影响影像质量；只使用专为清洁相机镜头准备的擦拭纸；确保飞机的相机滤光镜干净，把相机滤光镜用螺钉拧紧在相机身内；如果未拧紧，慢慢拧紧，注意不要拧得过紧。

5）插入相机：把两个配件插入飞机机身有效载荷舱的相机腔中；将 USB 电缆连接到相机上并且从 eBox 连接到接头上；把 eBox 连接装置垂直放入腔中；把相机插入有效载荷舱的相机腔中，然后用尼龙扣带固定好，如图 2.50 所示。

6）检查相机触发：在 Aerial Imaging 软件上，点击📷，确保您听到相机发出的触发声；检查完成后，❯按钮便被启用。

7）插入跟踪器发射：开启跟踪器发射机，确保您能用跟踪器接收机收到跟踪器发射机发出的信号，把跟踪器发射机插入到航测飞机的机身中。

8）关闭有效载荷舱：确保有效载荷用尼龙扣带束紧，把顶盖装到有效载荷舱上，确保它紧密无缝隙。

9）盖住空速管：把空速管的盖子盖到空速管上，确保在放置到发射架过程中不感风，避免产生错误指令。

10）检查升降翼配平：确保外侧升降翼与内侧升降翼的位置平齐（内侧升降翼是固定的），精度应当小于 1mm。

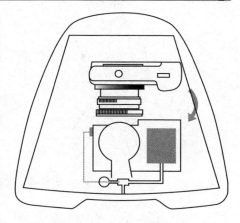

图 2.50　相机插入示意图

11）检查升降翼的反应：在 Aerial Imaging 软件中，点击移动/停止升降翼按钮，并查看航测飞机的升降翼，确保升降翼移动顺畅和动作一致；处理飞行时，确保升降翼可自由移动，不能有任何方式的阻碍，升降翼受阻时会导致马达烧毁，当检查升降翼的响应时，▶按钮可以使用。

12）装配发射架：展开发射滑轨。展开时注意滑轨锋利的边缘划伤手指，然后把手柄提高到合适的位置，并且把它钩到发射滑轨的下一段，以保证发射滑轨的每一段都稳固安全，合上手柄，如图 2.51 所示。

用锁销展开 A 型支撑架，并且确保其稳固安全，把 A 型支撑架安装到发射滑轨上，确保旋钮指向左边，然后在预留孔中插入支撑架销，预留孔大约在发射滑轨 2/3 长度的位置。把旋钮向右旋紧，如图 2.52 所示。

从发射滑轨拉出发射架绳的末端，使它们平铺到发射滑轨上。如果发射架绳因为没有拉紧而缠绕在一起，向上拉动手柄，释放它们，注意在发射架绳拉紧时，绝对不要推动手柄，这样会损坏它的弹性。如果绳子绷得很紧，把摇把插到位于朝向发射架前端的螺母上，然后用摇把轻轻地释放张力，与此同时，轻轻地向上拉动释放手柄。由两个人完成是最安全的，一个人小心地逆时针摇动摇把，抵消弹力，如图 2.53 所示。

把发射托架安放在发射滑轨的末端，发射托架上的舌片朝向发射方向，如图 2.54 所示。

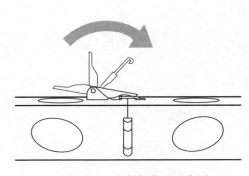

图 2.51　发射架装配示意图

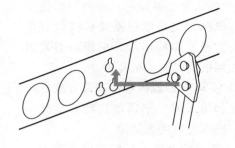

图 2.52　发射架装配示意图

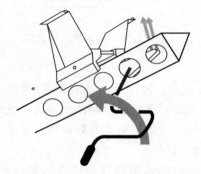

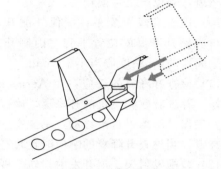

图 2.53　释放弹力绳　　　　图 2.54　发射托架安放到发射滑轨

　　把发射托架滑过发射架绳的末端，把发射架绳的两端接到发射托架上，从发射托架上取下锁销，然后把锁销穿过发射托架上的孔，就这样接好发射架绳的两端，紧固锁销，如图 2.55 所示。

　　把发射托架滑过发射滑轨开头的发射钩，确保发射托架"咔哒"一声卡到位，确定扳机没有受阻，再把安全销插入发射托架，如图 2.56 所示。

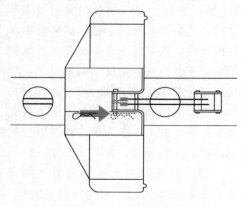

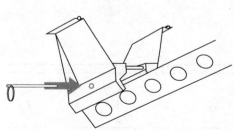

图 2.55　装备发射托架　　　　图 2.56　固定发射托架

始终保持安全销插入发射托架中。只在发射前拔出安全销。过早拔出安全销可能会导致发射架意外发射，造成严重的人身伤害和飞机或发射架损坏。如果飞机未安放在发射托架上，切勿发射，因为这将损坏发射托架。发射架的设计考虑了飞机放在发射架座上的重量。

把发射架安放到计划起飞的位置，发射方向要指向在 Aerial Imaging 软件中指出的起飞方向，确保起飞位置没有障碍物。

13）把飞机安放在发射架上。把飞机安放在发射架座的前部，然后用手指把 UX5 下面的发射架板条引导到发射架座的凸缘上，如图 2.57 所示。

14）初始化。飞行检查表的这一步，是进行 eBox 的初始化，它必须锁定至少 4 颗未使用的 GPS 卫星，eBox 中的 GPS 接收机将根据每颗卫星的特性，来确定卫星的可用性。

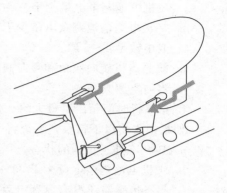

图 2.57　安放飞机

15）取下空速管盖。在平板电脑上检查空速，如果空速低于 20km/h（12.4mi/h），可以安全地移除空速管盖。

16）检查空速反应。按住空速管最长 5s，确保 Aerial Imaging 软件状态板上航空地平仪左侧黑色箭头的值有改变。空速应当达到至少 50km/h。

17）定位螺旋桨。检查螺旋桨在航测飞机上的位置，并确保它们指向后方，如在 Aerial Imaging 软件中所示，如果螺旋桨的位置不正确，请仔细调整它们。

18）拉紧发射架弹力绳。把摇把插入位于发射滑轨前端的螺孔中，用摇把拉紧发射架绳，再移除摇把。

注意在正常情况下，拉绳和弹力绳之间的节点应该在发射架的"4"号孔的中间，如果当拉紧绳时，能很容易地到达最后一孔，就应当更换发射架绳，以防发射失败并且损坏发射架或飞机。

19）验证发射架上飞机的位置。用 Aerial Imaging 软件中的航空地平仪指示器检查航测飞机在发射托架上的俯仰角和横滚角，俯仰角应该在 20°到 30°之间，横滚角应该为 −5°～5°。地平线应该平行于人造地平线指示器上的航测飞机。

20）拆取安全插销。移除安全插销时，站在发射架后面，小心地把手伸到飞机下，然后拔出安全销。拆取过程中小心避免触碰螺旋桨叶片。如果发动时 UX5 无飞机受到突然冲击，马达可能会意外启动，导致螺旋桨叶片转动。触碰转动的螺旋桨叶片可能会导致严重的人身伤害。

21）启用系统。飞行检查表的这一步可以验证该系统是否准备好了发射，如果存在与发射值有关的任何问题，将显示一条消息。如果出现以下情况，将会发出警告消息：

　　a. 飞机电池剩余电量少于 75％。

　　b. 平板电脑电池剩余电量少于 90min。

　　c. 卫星数是 4～6 颗。

　　d. 航测飞机航向倾角和旁向倾角值不在希望的范围内。

　　e. 当前空速太高。

　　f. 总飞行时间超出了最大耐久强度。

如果报告出以下错误，系统将不允许您发射：

a. eBox 不处于正确的状态。

b. 飞机电池剩余电量少于 35％。

c. 起飞传感器还没有就绪（就是说偏航角、俯仰角和横滚角的值还不稳定）。

d. 起飞状态不好。

e. eBox 记录还没开始。

f. GCS 没有 GPS 连接。

g. 卫星数少于 4 颗。

h. 飞行计划中包含的一个航路点是在地理围栏之外。

启用该系统，点击启用，确保您听到了驱动声，直到发出"哔哔"声并且 eBox 的 LEDs 稳定发光为止，点击进入仪表盘屏幕，在仪表盘上您可以远程监控飞行并跟踪航测飞机的发射。

2.2.3　飞行监控

（1）发射飞机。在即将发射之前，应进行以下安全检查：

a. 确保在操作区域内空中没有物体。

b. 确保飞机航测飞机的视线不受阻挡。

c. 确保在发射架前面的附近没有障碍物或人。

d. 确保在这一步骤中完成了列出的每一个安全检查项。如果不这样做，就可能导致严重的人身伤害和损坏航测飞机或发射器。

当确定发射架前面、上方和背后没有任何阻碍因素时，站在发射架后面，然后按下发射手柄发射航测飞机。

如果飞机未安放在发射托架上，切勿发射，因为这将损坏发射托架。发射架的设计考虑了飞机放在发射架座上的重量，如果在起飞期间突然出现障碍

物，如人或动物突然出现在净空区，
点击 Aerial Imaging 软件中的●，航测
飞机将立即关机并返回到地面。

图 2.58 放松弹力绳

发射后，飞机飞到第一个航路点，
该航路点突出显示在仪表盘选项卡的
地图中。如果飞机到达这一点时还没
达到飞行高度，它将以 200m 直径的圆
爬升，直到达到所需的高度。发射后，
释放发射架弹力绳的拉力（图 2.58）。
长时间拉紧发射拉架弹力绳，会损坏
它的弹性。释放拉力时，向上拉动发
射架前部的释放手柄，同时用摇把轻
轻地释放拉力，由两个人完成是最安
全的，一个人小心地逆时针摇动摇把，抵消弹力。

（2）飞行期间监视和控制航测飞机。确保航测飞机飞行期间的安全或避免
环境破坏是操作者主要的责任，为此需要操作员必须做到以下几点：

a. 始终看着航测飞机。

b. 观察航测飞机的操作区并且关注其他空中物体。

c. 确保没有障碍物。

d. 注意天气状况的变化。

e. 在平板电脑屏幕上找到航测飞机。

f. 在 GCS 上监控飞行遥测数据。

起飞后，航测飞机将爬升到指定的巡航高度，一旦航测飞机通过了第一个
航路点，便会开启第二个航路点，航测飞机遵循预编程的飞行路径。特别注
意：如果在飞行期间的任何点上看到空中有物体在接近，应当采取合适的行
动。在整个飞行期间，必须在平板电脑上用 Aerial Imaging 软件监控航测
飞机。

a. 航测飞机在地图上的轨迹必须接近预编程的飞行路径。

b. 监控飞机电池中的电量。在电池状态栏▭上，数值以百分比表示，剩
余时间以分钟计。

c. 监控飞行时间⌚。该值是以剩余飞行时间和已完成飞行时间表示的（单
位都是分钟）。

d. 对照飞行线路总数≣来监控已飞过的飞行线路数。

e. 监控通信链路的信号强度▮▮▮。

f. 监控可用卫星的数目✖:

a）无信号表示无 GPS 锁定（0～3 颗卫星）；

b）1 条信号线表示有 4～6 颗卫星；

c）2 条信号线表示有 7 颗或更多卫星；

g. 监控按照预期增加的 eBox 反馈/触发事件数。

h. 监控由 eBox 测量的风速和风向。

i. 实际空速与期望空速进行比较。巡航飞行期间的期望空速是 85km/h 和 80km/h（对于 UX5）。当飞机遇到强迎风时，实际空速可能高于期望的空速。最大空速是 90km/h。

j. 监控地面速度。

k. 监控 GCS 与垂直投影到 GCS 参考面的飞机之间的距离以及 GCS 与飞机之间的方位角。

l. 实际飞行高度与在区块和飞行计划期间设定的期望飞行高度进行比较。

m. 用人造地平线监控飞机的航向倾角和旁向倾角。

n. 监控软件在飞行中警告和错误消息，例如：GPS 失锁和失去通信链路。关于这些警告和应采取行动的更多信息，请参看飞行期间的故障保险和系统错误和警告。

（3）应对飞行期间突然的天气变化，飞行当天，请检查确定当前天气条件适合飞行。应当特别注意主流风的方向和速度，如果在飞行期间改变了风向，那么请改变飞行的着陆方向，或选择另一个更适合着陆的地方，请参看飞行期间改变着陆属性。

如果在飞行中发生如下任何一种天气现象，请尽快让航测飞机着陆：

1）强风。

2）暴雨、冰雹。

3）飓风、龙卷风、或任何类型的旋风。

4）雷鸣和闪电。

5）下雪。

（4）飞行期间改变着陆属性。如果在飞行期间情况发生了改变，可以在飞机飞行期间，更改飞行计划中设定的着陆参数。

特别注意：一旦确认了着陆，便不能改变着陆参数。

飞行期间改变着陆参数操作如下：

1）选择飞行选项卡。飞行选项卡显示飞行的着陆属性。

2）根据具体情况，进行以下一项操作：

a. 如果风向改变并且着陆区域有障碍物，那么，相应旋转当前降落的着陆航向。

b. 如果在当前着陆净空区突然出现障碍物，并且您已经定义了另一个没有障碍物的替换着陆位置，那么，在地图上点击着陆别针，或者点击列表中着陆位置旁边的单选钮，以使用该位置。根据实际风向使着陆航向与之适应。

注意：对于当前和任何替换的着陆设置，操作员可以改变任何其他参数。但是，这需要更多的工作，并且需要更长的时间，可能会来不及。确保在改变着陆位置后，该位置是 GPS 固定的位置。

3）点击✔接受改变。

4）选择仪表盘选项卡➚，返回到监测屏幕。

（5）飞行期间的故障保险。当发生降低航测飞机安全性能的技术问题时，将会激活以下故障保险机制：飞行期间失去 GPS 锁定，飞行期间失去通信链路，电池电量低并且失去通信联系超过 30s，超速保护，地理围栏。

1）飞行期间失去 GPS 锁定。如果航测飞机 4s 没有接收 GPS 通信，在平板电脑上将会出现一个通知，而且激活下面的自动故障保险机制：

a. 航测飞机将以 25°角倾斜转弯，同时在其当前位置盘旋 20s，如果航测飞机成功地重新获得了 GPS 锁定，它将飞到指定的着陆地点，并开始正常着陆程序。

b. 如果航测飞机无法重新锁定 GPS，它将激活飞行终止系统（FTS）。在 FTS 期间：

a）马达电源系统关闭，速度降低到 70km/h（43 m/h）。

b）航测飞机以 200m 直径的圆向下盘旋，直到达到 10m 的高度。

注意：在没有 GPS 锁定的 FTS 期间，航测飞机将尝试绕圆飞行，但由于航测飞机有风漂移，结果是椭圆飞行。

c）航测飞机将调平机翼，减慢速度，滑翔到地面。

2）飞行期间失去通信链路。如果航测飞机在设置屏幕上自动驾驶仪设置组的通信超时域中指定的时间内没有接收到通信数据包，或者通信链路太差并且断断续续收到通信数据包，那么从失去通信之时起，平板电脑上将出现一个消息，显示计时器倒计时。计时器的初始值是通信超时值，当计时器达到 0 值时，航测飞机将飞到指定的着陆地点，并开始正常着陆程序。

与正常着陆不同的是，在到达着陆的最后航程之前，系统将会发出提醒。

如果在此自动故障保险机制期间恢复了通信，航测飞机将继续执行着陆程序。

注意：当失去通信时，仪表盘将不从航测飞机接收任何更新，与航测飞机的任何互动都将禁用。确保操作员到航测飞机的视线畅通。

3）电池电量低并且失去通信联系超过 30s。如果航测飞机电池寿命低于 15％（UX％ HP）或 25％（UX％）并且失去通信时间超过了 30s，那么航测飞机将飞到指定的着陆地点，并开始正常着陆程序。

与正常着陆不同的是，在到达着陆的最后航程之前，系统将会发出提醒。

如果在此自动故障保险机制期间恢复了通信，航测飞机将继续执行着陆程序。

注意：当失去通信时，仪表盘将不从航测飞机接收任何更新，与航测飞机的任何互动都将禁用。确保操作员到航测飞机的视线畅通。

4）超速保护。如果航测飞机检测到陡峭快速的下降，它将使阻力最大化，把对地面的影响降到最低。无人机将以“水平螺旋”式的飞行轨迹下降。

5）地理围栏。如果航测飞机到达了地理围栏边界，它将激活 HERE 格局，然后返回到 GCS 位置附近。

地理围栏边界的使用是可选项，它可以在飞行设置屏幕上设置。

（6）紧急软件命令。Aerial Imaging 软件的仪表盘选项卡提供了在航测飞机飞行期间进行紧急操作的几个按钮。

a. 在该屏幕上点击任何按钮都会取代之前的任何命令，包括先前在此屏幕按下的任何按钮。如果发出一个紧急命令，然后在第一个命令完成之前发出第二个紧急命令，航测飞机会立即终止第一个没有完成的命令，开始执行第二个命令。

b. 在起飞期间当飞机低于 50m 时，唯一可用的按钮是⬤。

1）着陆。当飞行必须终止，对事先计划的着陆有时间和空间余量时，使用🕒按钮。

当点击🕒时，航测飞机立即终止它的飞行计划并启动正常着陆程序。它从所需的飞行高度飞到离着陆位置 300m 的入点，如果在不同高度的区块过渡期间启动着陆命令，所需的飞行高度将是下一个区块的高度。如果下一个区块的飞行高度是：

a. 低于上一个区块，飞机将下降飞到着陆入点。

b. 高于上一个区块，飞机将上升飞到着陆入点。

当飞机到达着陆入点但还没有达到 75m＋着陆偏移的高度时，它开始以 200m 直径的圆向下盘旋，直到达到 75m＋着陆偏移的高度。在进行下列其中一项操作之前，飞机一直盘旋着：

a. 如果要完成着陆，点击地图上消息框中的✔。当满足了所有着陆条件时，飞机将结束盘旋，然后开始着陆的最后航程。

b. 如果要发布着陆命令，再点击按钮🕒。当飞行计划中断时，飞机将返回到航线的开始位置。当它到达测绘暂停的点时，将恢复测绘。

2）飞到。用⊕按钮可把航测飞机从当前位置移到现场选择的其他位置。

为了启用⊕按钮，在地图上点击希望航测飞机飞到的位置。当点击时，航测飞机将飞到指定的位置，然后在所需的飞行高度以 200m 直径的圆盘旋，测绘暂停。如果在不同高度区块之间过渡时启动飞到命令，所需的飞行高度将是下一个区块的高度。如果下一个区块的飞行高度是：

a. 低于上一个区块，飞机将下降飞到指定的位置，如果指定位置还没有达到所需的高度，飞机将向下盘旋，直到达到所需的高度。

b. 高于上一个区块，飞机将上升飞到指定的位置，如果指定位置还没有达到所需的高度，飞机将向上盘旋，直到达到所需的高度。

当在"飞到"栏时，如果需要，可以向上或向下 10m 调整航测飞机所需的飞行高度，但高度设置应低于 75m 或高于 750m。

如果要发布飞到命令，再点击⊕按钮。航测飞机将返回到飞到格局开始之前所需的飞行高度，当它到达测绘暂停时的点时，它将飞往前一个航路点，并且恢复测绘。

注意：当航测飞机是在飞到格局时，如果再次点击地图，点击地图上消息框中的✔，飞到地图上新的位置。

3）待机。当另一架飞机在附近可见时，使用Ⅱ按钮。

当点击Ⅱ时，航测飞机开始以 200m 直径的圆在它当前的位置以所需的飞行高度盘旋，测绘暂停。如果在不同高度的区块之间过渡时启动待机命令，所需的飞行高度将是下一个区块的高度。如果下一个区块的飞行高度是：

a. 低于上一个区块，飞机将向下盘旋，直到达到下一个区块的高度。

b. 高于上一个区块，飞机将向上盘旋，直到达到下一个区块的高度。

当在"待机"栏时，如果需要，可以向上↗或向下↘10m（32 ft）调整航测飞机的高度，软件不允许把高度设置到低于 75m 或高于 750m。

如果要发布待机命令，再点击Ⅱ按钮，航测飞机返回到所需的飞行高度，这是待机格局开始前的飞行高度，当它到达测绘暂停时的点时，它将飞往前一个航路点，并且恢复测绘。

4）当必须从测绘的常规区域中删除航测飞机并且需要它的近景时，使用🧍按钮。

当点击🧍时，航测飞机立刻飞往地面控制站（GCS）位置并且在所需的飞行高度以 200m 直径的圆盘旋，测绘暂停。如果在高度不同的区块之间过渡时启动此处命令，所需的飞行高度将是下一个区块的高度。如果下一个区块的飞行高度是：

a. 低于上一个区块，飞机将下降飞往 GCS 位置。如果在 GCS 位置上没有达到所需的高度，飞机将向下盘旋，直到达到所需的高度。

b. 高于上一个区块，飞机将上升飞往 GCS 位置。如果在 GCS 位置上没有达到所需的高度，飞机将向上盘旋，直到达到所需的高度。

当在"此处"栏时，如果需要，您可以向上或向下 10m 调整航测飞机的高度，软件不允许把高度设置到低于 75m 或高于 750m。

如果要发布此处命令，再点击🧍按钮。在此处格局开始前，航测飞机将返回到所需的飞行高度，当它到达测绘暂停时的点时，它将飞往前一个航路点，并且恢复测绘。

5) 向右。当想从当前位置向右移动航测飞机但又让它很接近当前位置时，使用按钮⊕。

当点击⊕时，航测飞机将飞行 300m 到达当前航向的右边，然后在所需的飞行高度以 200m 直径的圆盘旋，测绘暂停。如果在高度不同的区块之间过渡时启动向右命令，所需的飞行高度将是下一个区块的高度。如果下一个区块的飞行高度是：

a. 低于上一个区块，飞机将在下降期间向右飞行。如果在环形位置没有达到所需的高度，飞机将向下盘旋，直到达到所需的高度。

b. 高于上一个区块，飞机将在上升期间向右飞行。如果在环形位置没有达到所需的高度，飞机将向上盘旋，直到达到所需的高度。

当在"向右"栏时，如果需要，可以向上或向下 10m 调整航测飞机的高度，软件不允许把高度设置到低于 75m 或高于 750m。

如果要发布向右命令，再点击按钮⊕。在向右格局开始前，航测飞机将返回到所需的飞行高度，当它到达测绘暂停时的点时，它将飞往前一个航路点，并且恢复测绘。

6) FTS。当必须尽快从空中移除飞机时，激活飞行终止系统（FTS）。在起飞、巡航飞行和着陆时，●按钮可以使用。

如果要激活 FTS，点击●。如果出现提示，确认地图上消息框中的 FTS 激活。

注意：

a. 如果不点击消息框中的✔，飞机将继续飞行。

b. 除了在飞机仍然低于 25m 时的起飞期间以外，总是需要对飞行进行确认。

航测飞机将立即中止飞行。在巡航飞行时，这将涉及到：

c. 马达电源系统关闭，速度降低到 70km/h（43 m/h）。

d. 航测飞机以 200m 直径的圆向下盘旋，直到达到 10m 的高度。

e. 航测飞机将调平机翼，减慢速度，滑翔到地面。

当航测飞机在不到 25m 的高度时（也就是在起飞或着陆期间），如果您激活 FTS，航测飞机将会放缓至 60km/h，以当前航向直线向下飞行，直到滑翔到达地面。

7）中止。

注意：只有在飞机离地面 15m 以上时的着陆最后阶段，才可使用按钮 ⌣。点击之前 ⌣，确保为中止策略考虑了净空。

用 ⌣ 按钮中止着陆。当点击 ⌣ 时，航测飞机将以着陆航向的方向爬升到 75m，然后转到着陆入点，再次开始着陆循环。

为了着陆，必须再次点击地图上消息框中的 ✔。

（7）处理飞行中的紧急情况。如果需要采取退避行动，可以在航测飞机在空中期间手动中断预编程的飞行计划。

对于所有紧急事件，必须在采取行动之前对情况进行评估。要考虑飞机的起飞位置、当前位置、航线和速度。

（8）事故处理。碰撞是与飞机操作相关的事故，在这类事故中可能发生的情况有：

1）个人致命或严重受伤。

2）飞机遭受损坏或结构损伤。

3）飞机失踪或完全无法接近。

注意：由于碰撞时看不到陆地表面，因此会对预定着陆点着陆的飞机造成损害。

1）如果发生的事故造成了人员伤害或死亡，必须：

a. 联系紧急服务机构。

b. 在不危及您生命的情况下给予必要的帮助。

c. 在事故周围划定一个区域，确保不要丢失证据。

d. 通知当地民航管理局（CAA）。

2）如果发生的事故伤害到另一个设施：

a. 必要时联系紧急服务机构（例如：如果煤气、电力或供水受到影响）。

b. 联系受撞击设施的所有者。

c. 通知当地民航管理局。

3）对事故现场拍照。从 GCS 下载数据文件并把所有数据和图片发送到 Delair 经销商。

（9）飞机着陆。飞机着陆之前要确定在着陆区附近没有人或障碍物。以避免导致严重的人身伤害和航测飞机损坏。

为此，必须：

1）始终看着航测飞机。

2）观察航测飞机的操作区并且关注其他空中物体。

3）确保没有障碍物。

4）在平板电脑屏幕上找到航测飞机。

在通过扫描线上最后一个航路点之后，飞机将终止飞行计划，然后启动正常的着陆序列。它以巡航高度飞行到进入点——离着陆位置有 300m 远。它开始以 200m 直径的圆形盘旋下降，直到达到 75m 高度为止。它继续向左或向右盘旋——取决于 Aerial Imaging 软件中指定的方向，直到点击地图上消息框✔中的为止。

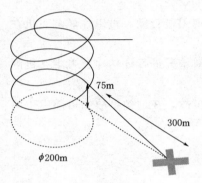

图 2.59　右盘旋着陆轨迹

如果要完成着陆，点击地图上消息框中的✔。

飞机将结束它当前的盘旋，直到达到与着陆方向的交会点为止，然后开始着陆的最后航线。

图 2.59 显示的是着陆方向为向右转弯时的直线着陆路线。

在飞机成功着陆后，点击⊙，eBox 进入待命模式。

（10）着陆后查找飞机。只要在飞行之后不开始完成飞行后检查表，地图和状态栏将仍然显示航测飞机的位置，这可以帮助定位航测飞机。

如果飞机降落在野外，无法直观地找到它，可以用跟踪系统接收机跟踪它。

1）在接收机上按住开/关键 3s 打开接收机。

2）按菜单/确定键进入菜单。

3）用扫描键选择您想要跟踪的发射机，然后按菜单/确定键加以确认。

4）展开接收机的四根天线，然后把接收机放在您的手掌上。小心不要碰任何天线。

5）用增大键尽量增加增益。

6）接收第一个信号脉冲时，将接收机放在您面前保持在较高水平的高度，慢慢旋转 360°，用天线扫描地平线，确保选中内部天线。如果从一定的高度跟踪，接收机的接收范围是很广的，总应把接收机拿在您前面，这样接收机可以区分是从前面还是从后面传入了信号，每个接收信号脉冲及其强度显示在发射条/接收信号强度指示器上，并且发出声音信号。

7）扫描该地区，以确定具有最高信号强度的方向。如果信号强度在各个方向都相同，用减小键减小增益，直到接收到的信号强度是发射条的一半，然后重复扫描。

8）朝着判定的方向，按照一定的间隔重复扫描，来验证您定位飞机应当走的方向。

注意：如果朝着一个方向查找航测飞机经历了困难，请尝试从不同的位置扫描，以确定新方向和前一个方向之间的横截面。

2.2.4 数据导出

（1）飞行之后。飞行完之后，完成数据分析和数据传送任务，以便用影像处理软件处理飞行数据。

（2）完成飞行后检查表。完成飞行后检查表，以验证飞行期间采集的数据。

完成飞行后检查表之后，飞行状态将改变成◉已飞过，日志文件已下载，设置已冻结。如果要重新进行此飞行，可复制它，新飞行的设置是可以编辑的。

在区块选项卡上区块列表中的区块名称旁○，将会出现以下图标：

1）◉已成功测绘并且设置已被冻结。

2）●没有成功测绘并且设置已被冻结。

可以在其他飞行中对冻结的区块作计划安排。它将用相同的设置再次飞行。如果要用不同的设置测绘区块，复制此区块，然后根据需要更改设置。

1）在飞机成功着陆后，点击◉，eBox 将进入待命模式（红色 LED 闪烁）。如果由于某些原因（比如失去通信），eBox 不处于待命模式，那么按模式按钮，使它闪烁 3 次。

（注意：当 eBox 不处于待命模式时，不要拿起航测飞机。如果 eBox 不处于待命模式，马达可能会意外启动，导致螺旋桨叶片转动。触碰转动的螺旋桨叶片可能会导致严重的人身伤害。）

2）点击⬇。飞行后检查表向导出现。

3）确保连接了电池。点击❯。

4）从 eBox 下载日志文件：

a. 从 eBox 拿掉下载端口盖，把下载电缆接到 eBox 和调制解调器上，点击检查电缆连接。

b. 点击❯检查电缆连接。

c. 当电缆连接妥当后，软件将从 eBox 把日志文件自动下载到平板电脑。下载结束后，❯按钮便可以使用。

5）点击❯。

6）从 eBox 下载日志文件：

a. 把 USB 电缆接到 eBox 和平板电脑上。

b. 点击➤检查电缆连接。

c. 当电缆连接后，软件将从 gBox 把日志文件自动下载到平板电脑。下载结束后，➤按钮便可以使用。

7）点击➤。

8）拆取下载电缆：

a. 从 eBox 和调制解调器上拆取下载电缆。将下载端口盖再盖到 eBox 上。

b. 从 eBox 和平板电脑上断开 USB 电缆。

9）点击➤。

10）断开电池。点击➤。

11）如果已经在飞行检查表中选择了 PPK 作为操作模式，会收到一个提示：下载基站文件。点击➤。

12）从航测飞机中取出相机。验证飞行期间拍摄的影像数等于飞行日志中记录的触发命令数（不要考虑在地面上测试的影像，Delair 建议从 SD 卡检测测试影像）。如果这些数目不相符，软件将会自动改正这种不相符。

注意：

a. 如果触发事件与影像数目相差大于 10%（不包括测试影像或来自另一次飞行的影像），Delair 建议再飞行一次。

b. 如果缺少的影像不是由于显而易见的原因所引起，比如：飞行期间相机电池耗尽了电量，SD 卡规格不对（参见）或相机设置不正确，请联系 Delair 经销商。

13）验证在飞行期间已成功测绘的区块。

14）点击✔关闭飞行后检查表，返回到飞行选项卡🔂。

（3）传送影像。

1）从相机取出 SD 卡。

2）将 SD 卡插入办公室电脑，然后把影像从 SD 卡传送到电脑的一个位置或网络位置上。

3）从 SD 卡删除影像。

4）更换相机中的 SD 卡。

注意：因为 Sony 相机的外部镜头不能进行电子通信，所以用 Sony 相机拍摄的影像属性（exif 数据）对与镜头链接的属性显示为 0（零）值。这些属性是：光圈范围、焦距和最大光圈。

（4）项目返回到 Aerial Imaging Desktop 软件。虽然可以在平板电脑上用 Aerial Imaging 软件分析和导出飞行数据进行处理，但一般情况下，它还是用

Aerial Imaging Desktop 软件在内业进行的。为了能够进行此操作，必须从平板电脑的 Aerial Imaging 软件中导出项目，然后把它导入到 Aerial Imaging Desktop 软件中。

从平板电脑的 Aerial Imaging 软件导出项目的步骤是：

1）在项目屏幕上，选择要导出的项目。

2）点击➡，导出向导出现。

3）选择 GWT 格式，点击❯。

4）导航到想要保存项目的目标文件夹位置。如果平板电脑无法访问网络文件夹，请插入 U 盘，然后导航到 U 盘上的一个文件夹。

5）输入文件名称，然后点击导出。导出的项目以 GWT 文件格式保存到选定的文件夹中。

6）点击✔，关闭导出向导。

把项目导入到 Aerial Imaging Desktop 软件的步骤是：

1）开启 Aerial Imaging Desktop 软件。

2）在 Aerial Imaging 主页屏幕或项目屏幕上，点击➡。

3）导航到 GWT 文件所在的位置，选择它，然后点击导入。

导入的项目列在项目屏幕上，并且项目缩略图会出现。

（5）导出飞行数据以进行处理。如果已经把影像复制到了平板电脑上，可以从 Aerial Imaging Desktop 软件或从 Aerial Imaging 平板电脑软件中导出飞行数据。

注意：当使用带有 MicaSense RedEdge 3 相机的 UX5 飞机时，不能导出飞行数据。

1）在项目屏幕上，选择要导出飞行数据的来源项目。

2）点击➡，导出向导出现。

3）选择导出后的目标格式：

a. 用 Trimble Business Center 软件时，选择 JXL 选项。

b. 用其他处理软件，选择 CSV/TXT 选项。

4）点击❯。

5）选择要导出的飞行，然后点击❯。

摘要将显示：

a. 相机触发次数；

b. eBox 中记录的快门反馈事件数。

如果这些数目不相符并且继续导出，软件将会自动改正这种不相符。

6）点击❯，选择已经为飞行存储了影像的文件夹。

摘要将显示：

a. 相机触发次数。

b. eBox 中记录的快门反馈事件数。

c. 选定影像文件夹中的影像数。

d. 如果这些数目不相符并且继续导出，软件将会自动改正这种不相符。

e. 影像类型（RGB 或 NIR）。

f. 默认的选择是 RGB，如果要改变影像类型，选择 NIR 选项。

g. 是否改正影像渐晕。

h. 如果飞行条件具有 Delair 强烈建议要改正的渐晕现象，那么改正渐晕选项将是默认选项。

注意：

a. 如果缺少三个以上的影像或者有三个以上的额外影像（不包括测试影像或来自另一个飞行的影像），Delair 建议再次执行飞行。

b. 如果缺少的影像不是由于显而易见的原因所引起，比如：飞行期间相机电池耗尽了电量，SD 卡规格不对（参见）或相机设置不正确，请联系 Delair 经销商。

c. 修正影像渐晕是资源密集型操作，根据影像数目，可能需要几个小时。

7）点击▶。

8）如果选择了修正影像渐晕，软件将提示选择需要保存修正后影像的文件夹，一旦选中文件夹并进行了确认，就会开始修正，修正完成后，请点击▶并继续进行第 9）步。

9）导航到想要保存已导出文件的文件夹位置。输入文件名称，然后点击导出。

10）点击从相同的项目中导出另一个飞行，或者点击▶关闭导出向导。

（6）导出飞行轨迹以进行分析。

1）在项目屏幕上，选择要导出飞行数据的来源项目。

2）点击。导出向导出现。

3）选择输出格式：

a. KML（Keyhole Markup Language），以查看飞行路径。

b. GPX（GPS Exchange Format），以查看飞行路径和航路点。

这两种输出都可以用 Google Earth 等软件查看。

4）点击▶。

5）选择要导出的飞行，然后点击▶。

6）导航到想要保存已导出文件的文件夹位置。输入文件名称，然后点击导出。飞行轨迹将导出到选定的文件夹中。

7）点击从相同的项目中导出另一个飞行，或者点击▶关闭导出向导。

2.2.5　UX5 故障排除

（1）系统错误和警告。主要说明在飞行前或飞行期间出现的系统错误和警告。

1）无法启动系统。如果 Aerial Imaging 报告中出现以下错误，系统将不允许启动，无法启动系统可能会出现的错误及清除错误的方式见表 2.3。

表 2.3　　　　　　导致无法启动系统的错误及解决方式表

错　　误	清除错误的方式
eBox 处于不正确的状态	取消检查表。从航测飞机上断开电池，重新完成检查表
飞机电池剩余电量少于 35%	用充满电的电池重启检查表
起飞传感器还没有准备好（就是说偏航角、俯仰角和横滚角的数值还不稳定）	如果问题不能自行解决，取消检查表。从航测飞机上断开电池，重启检查表
起飞状态不好	取消检查表。从航测飞机上断开电池，重新完成检查表
eBox 记录还没开始	如果问题不能自行解决，取消检查表。从航测飞机上断开电池，重新完成检查表
GCS 没有 GPS 连接	如果问题不能自行解决，取消检查表。从航测飞机上断开电池，重新完成检查表
卫星数少于 4 颗	如果问题不能自行解决，取消检查表。从航测飞机上断开电池，重新完成检查表
飞行计划中包含一个地理围栏之外的航路点	验证地理围栏。如果这不解决问题，取消检查表。从航测飞机上断开电池，重新完成检查表

2）电池电量低。在 UX5 飞行检查前、启动过程中以及飞行过程中可能会出现电池电量低的情况，根据不同的情况需要进行及时处理，电池电量检查表见表 2.4。

表 2.4　　　　　　　　电 池 电 量 检 查 表

电　池　电　量	解　决　办　法
飞行之前，当连接自动驾驶仪时，电池电量低于 90%，出现一个警告消息	更换成充满电量的电池，然后重新完成飞行检查表
飞行前，未启动，电池电量低于 35%，出现一个错误消息	不能启动系统并且继续检查表，直到更换了一块充满电的电池为止
飞行前，未启动，电池电量在 35%～75% 之间，出现一个警告消息	系统可以启动，但是建议更换成一块充满电量的电池，并且重启检查表

续表

电 池 电 量	解 决 办 法
飞行前，启动后，电池电量少于 25% 时，仪表盘上的电池图标将变为红色	1. 点击 ●，然后点击 ⑨ 禁止飞机启动。飞机应当处于待机模式。如果这不起作用，按模式按钮三次（闪烁三次）禁止飞机启动–注意避开螺旋桨。 2. 点击 ↓，完成飞行后检查表。 3. 更换成充满电量的电池，然后重新完成飞行检查表
飞行中，电量低于 25%，出现一个警告消息	如果着陆位置离飞机的位置不太远，并且电池电量不太低，点击按钮 ⑨。否则，点击 ●

3）GPS 失锁。在 UX5 飞行检查前、启动过程中以及飞行过程中可能会出现 GPS 失锁的情况，如果出现相关消息，需要及时做以下处理，处理方法见表 2.5。

表 2.5　　　　　　　　　GPS 失 锁 处 理 方 法

出 现 消 息	处 理 方 法
飞行前，未启动	飞机将不能启动，如果问题不能自行解决，取消检查表。从航测飞机上断开电池，重新完成检查表
飞行前，已启动	如果卫星数少于 4 颗，仪表盘上的卫星图标将改变为 ✘。 确保 GPS 天线有清晰的天空视线。 如果问题依然存在： 1. 点击 ●，然后点击 ⑨ 禁止飞机启动。飞机应当处于待机模式。如果这不起作用，按模式按钮三次（闪烁三次）禁止飞机启动：注意避开螺旋桨。 2. 点击 ↓，完成飞行后检查表。 3. 从飞机上断开电池，然后重新完成飞行检查表
飞行过程中	如果航测飞机 4s 没有接收 GPS 通信，在平板电脑上将会出现一个通知，而且激活下面的自动故障保险机制： 航测飞机将以 25° 角倾斜转弯，同时在其当前位置盘旋 20s。如果航测飞机成功地重新获得了 GPS 锁定，它将飞到指定的着陆地点，并开始正常着陆程序。 如果航测飞机无法重新锁定 GPS，它将激活飞行终止系统（FTS）。在 FTS 期间： 马达电源系统关闭，速度降低到 70km/h（43m/h）。 航测飞机以 200m 直径的圆向下盘旋，直到达到 10m 的高度。 在没有 GPS 锁定的 FTS 期间，航测飞机将尝试绕圆飞行，但由于航测飞机有风漂移，结果是椭圆飞行。 航测飞机将调平机翼，减慢速度，滑翔到地面

4）失去通信。失去通信的解决办法见表 2.6。

表 2.6　　　　　　　　失 去 通 信 解 决 办 法

出 现 消 息	解 决 办 法
飞行前，未启动	检查表步骤中出现通信问题，而调制解调器和 eBox 之间需要进行通信。解决这些问题的方法是： 1. 确保 RF 天线连接妥当，通信链路没有被阻挡。 2. 如果问题不能自行解决，取消检查表。从航测飞机上断开电池，重新完成检查表
飞行前，已启动	进行以下操作： 1. 按 3 次模式按钮（闪烁 3 次）使飞机停止启动。总应小心，避免触碰螺旋桨叶片。 2. 点击 ⬇，完成飞行后检查表。 3. 确保 RF 天线连接妥当，通信链路没有被阻挡。 4. 从飞机上断开电池，然后重新完成飞行检查表
飞行过程中	如果航测飞机在设置屏幕上自动驾驶仪设置组的通信超时域中指定的时间内没有接收到通信数据包，或者，如果通信链路太差并且断断续续收到通信数据包，那么从失去通信之时起，平板电脑上将出现一个消息，显示计时器倒计时。计时器的初始值是通信超时值。当计时器达到 0 值时，航测飞机将飞到指定的着陆地点，并开始正常着陆程序。 　　当失去通信时，仪表盘将不从航测飞机接收任何更新，与航测飞机的任何互动都将禁用。确保到航测飞机的视线畅通。 　　与正常着陆不同的是，在到达着陆的最后航程之前，系统将会发出提醒。 　　如果在此自动故障保险机制期间恢复了通信，航测飞机将继续执行着陆程序

5）相机错误。相机错误的解决办法见表 2.7。

表 2.7　　　　　　　　相 机 错 误 解 决 办 法

问 　 题	解 决 办 法
相机每 20～25s 拍一个影像	1. 取消检查表。 2. 断开飞机电池。 3. 重新开启检查表

6）自动驾驶仪错误。自动驾驶仪在飞行的不同阶段可能产生各种错误，根据错误代码将自动驾驶仪不同类型的错误进行说明见表 2.8。

表 2.8　　　　　　　　自 动 驾 驶 仪 错 误 代 码

代 码	说 　 明
2	存在空速传感器硬件问题
3	存在自动驾驶仪配置问题

续表

代　码	说　明
4	存在自动驾驶仪配置问题
9	存在陀螺传感器硬件问题
11	存在旁向倾角陀螺传感器硬件问题
13	存在旋角陀螺传感器硬件问题
16	存在自动驾驶仪配置问题
17	在飞行计划中存在无效命令
18	存在自动驾驶仪配置问题
19	存在自动驾驶仪配置问题
20	存在自动驾驶仪配置问题
21	存在自动驾驶仪配置问题
22	存在陀螺传感器硬件问题
23	存在加速度计传感器硬件问题
25	飞机已经飞行了 300km 的限值
26	飞行计划包含一个超出地理边界的航路点，或者飞机飞到了地理边界之外
35	存在自动驾驶仪配置问题
36	存在陀螺传感器硬件问题
37	存在自动驾驶仪配置问题
38	存在自动驾驶仪配置问题
39	存在自动驾驶仪配置问题
40	存在自动驾驶仪配置问题
41	存在自动驾驶仪配置问题
42	存在自动驾驶仪配置问题
43	存在自动驾驶仪配置问题
44	存在自动驾驶仪配置问题
45	存在自动驾驶仪配置问题
46	飞行计划中包含这样一个航路点，它超过了离起飞位置所允许的最大距离
47	飞机接近 300km 限值
49	存在自动驾驶仪配置问题
50	存在自动驾驶仪配置问题
51	存在自动驾驶仪配置问题
52	存在自动驾驶仪配置问题
53	存在自动驾驶仪配置问题

续表

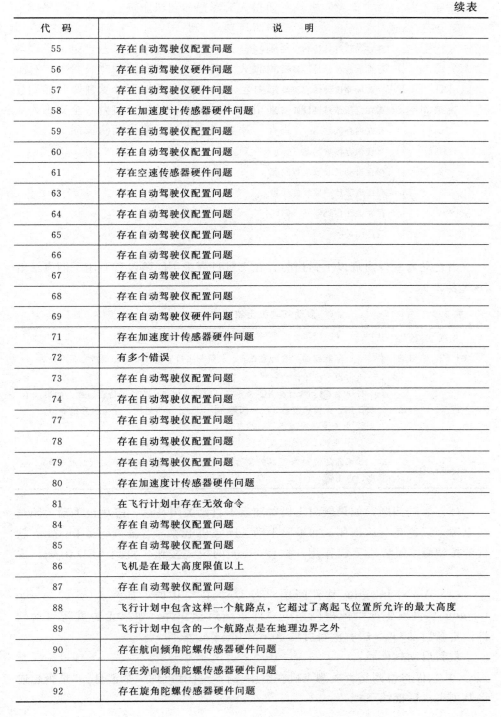

代 码	说 明
55	存在自动驾驶仪配置问题
56	存在自动驾驶仪硬件问题
57	存在自动驾驶仪硬件问题
58	存在加速度计传感器硬件问题
59	存在自动驾驶仪配置问题
60	存在自动驾驶仪配置问题
61	存在空速传感器硬件问题
63	存在自动驾驶仪配置问题
64	存在自动驾驶仪配置问题
65	存在自动驾驶仪配置问题
66	存在自动驾驶仪配置问题
67	存在自动驾驶仪配置问题
68	存在自动驾驶仪配置问题
69	存在自动驾驶仪硬件问题
71	存在加速度计传感器硬件问题
72	有多个错误
73	存在自动驾驶仪配置问题
74	存在自动驾驶仪配置问题
77	存在自动驾驶仪配置问题
78	存在自动驾驶仪配置问题
79	存在自动驾驶仪配置问题
80	存在加速度计传感器硬件问题
81	在飞行计划中存在无效命令
84	存在自动驾驶仪配置问题
85	存在自动驾驶仪配置问题
86	飞机是在最大高度限值以上
87	存在自动驾驶仪配置问题
88	飞行计划中包含这样一个航路点，它超过了离起飞位置所允许的最大高度
89	飞行计划中包含的一个航路点是在地理边界之外
90	存在航向倾角陀螺传感器硬件问题
91	存在旁向倾角陀螺传感器硬件问题
92	存在旋角陀螺传感器硬件问题

续表

代　码	说　　明
93	存在加速度计传感器硬件问题
94	存在加速度计传感器硬件问题
95	存在加速度计传感器硬件问题
229	存在气压传感器硬件问题
230	存在内存问题
231	存在内存读取问题
232	存在自动驾驶仪配置问题
233	存在电流传感器硬件问题
234	存在电压传感器硬件问题
235	马达已关闭

当自动驾驶仪出现以上错误时，在飞行过程中不同阶段需要用不同方法解决（表 2.9）。

表 2.9　　　　　　　　　　　　自动驾驶仪出错解决办法

出现消息	解决办法
飞行前，未启动	飞机不能启动。取消检查表。从航测飞机上断开电池，重新完成检查表
飞行前，已启动	进行以下操作： 1. 点击●，然后点击圉禁止飞机启动。飞机应当处于待机模式。如果这不起作用，按模式按钮 3 次（闪烁 3 次）禁止飞机启动，注意避开螺旋桨。 2. 点击↓，完成飞行后检查表。 3. 从飞机上断开电池，然后重新完成飞行检查表
飞行过程中	如果着陆位置离飞机的位置不太远，并且电池电量不太低，点击⊙。否则，点击●

（2）着陆问题。如果航测飞机着陆后不自动关闭马达，应尽快手动关闭马达电源，以避免马达损坏。如果要手动关闭飞机电源，点击 Aerial Imaging 软件的按钮●。如果这不起作用，按住 eBox 的模式按钮，直到 LED 闪烁三次为止。

（3）Aerial Imaging 软件问题。当 UX5 在空中时，如果 GCS 的 Aerial Imaging 软件发生冻结或故障，应立即重新启动软件，如果无法重新启动软件，重新启动 GCS 然后重新启动 Aerial Imaging 软件。

重新启动软件后：

1）软件将检测是否航测飞机在空中飞行，并且出现一个消息："是否想连接航测飞机后继续飞行。"

2）点击确认。

Aerial Imaging 软件从 eBox 中下载已有的飞行计划，如果下载成功，将会出现仪表盘屏幕，您可以继续飞行。

如果下载不成功：

a. 访问项目屏幕，并打开正在飞行的项目。

b. 在飞行选项卡，选择正在进行的飞行。

c. 选择飞行检查表选项卡。

当成功连接到自动驾驶仪时，Aerial Imaging 软件将从 eBox 下载已有的飞行计划，然后进入仪表盘屏幕，就可以继续飞行。

（4）eBox 的 LED 状态。eBox 的 LED 状态是在整个飞行过程中确定飞机状态的标志。主要有绿色 LED 和红色 LED 指示灯，根据指示灯开关及闪烁情况对应 eBox 的状态见表 2.10

表 2.10 指示灯对应 eBox 状态表

绿色 LED	红色 LED	状 态
关	关	eBox 关闭
关	闪烁	eBox 处于待命模式
闪烁	关	eBox 正在下载数据
闪烁	稳定	eBox 加电
稳定	稳定	eBox 启动

2.3 数据处理

无人机测量数据包括视频数据和影像数据。视频数据处理相对较少，UX5 航测无人机主要为影像数据。相比传统影像，无人机影像相幅小、畸变大、数量多，需要实现影像质量快速检查和快速处理。

数据处理系统是将获取的无人机姿态信息（POS 数据）及任务载荷原始数据，经过 POS 数据处理、格式转换及预处理后，生成正射影像图（DOM）、数字线划图（DLG）、应急专题图等不同类型的数据产品，经过信息提取后，为灾害监测、数字城市建设、文化遗产保护、工程监测、地理国情普查等领域提供决策支持。

2.3.1 数据处理特点及技术流程

（1）影像特点。

1）影像变形大。受飞机荷载限制，搭载传感器为非测量型普通数码相机，单幅影像与地物空间的透射映射关系比较复杂,加上影像内部几何关系比不稳定,影像倾斜变形较大,不能直接满足测绘生产精度要求。同时,为获取较高的成像分辨率,无人机进行超低空飞行作业,地面起伏对分辨率影响较大。无人机体积小、质量较轻,在飞行作业时受气流变化影响较大,在风力较大时,飞行姿态会受到相应的变化,特别是在航带转弯处,飞行姿态抖动严重的,导致图像成像效果差,严重的导致图像不可用。

2)影像相幅小、数量多。通常采用普通的非测量数码相机,影像相幅较小;同时为了获取较高的空间分辨率,降低无人机航摄高度,造成地表覆盖范围减小,导致影像数量增加。

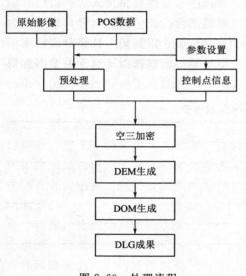

图 2.60 处理流程

3)POS 定位精度低。无人机移动测量过程中,携带的 POS 系统的精度比较低,只能起到导航和控制飞机的作用,还达不到专业摄影测量的要求,在后期处理的过程中只能起到辅助作用。

(2)技术流程。UX5 无人机航测影像数据处理在使用数据处理软件时,影像处理速度是主要因素,精度是次要因素,处理流程如图 2.60 所示。具体如下:

1)对无人机的原始数据进行旋转、主点修正、畸变改正或格式转换等预处理。

2)结合 POS 数据,进行自动相对定向、模型连接、航带间转点等,完成自动空中三角测量。

3)从影像中提取数字表面模型(DSM),再进行滤波处理得到 DEM。

4)用生成的 DEM 对影像进行数字微分纠正,得到正射影像 DOM。

5)对正射影像进行拼接和镶嵌匀色,得到影像成果图。

2.3.2 数据预处理

无人机航摄系统在获取航摄影像的过程中,由于受到地形起伏、大气散射、空气冷热不均等因素的影响,获取的原始影像存在噪声的干扰;此外,镜头畸变对影像质量的影响也不容忽视。为了避免影像噪声和镜头畸变的扩散传播,保证后续处理的质量,必须首先对影像进行预处理,影像预处理主要包括影像的滤波处理和镜头畸变校正。

(1) 飞行质量检查。无人机移动测量所获取的数据，除了在现场检查影像色调、饱和度、云和雾之外，还要从影像重叠度、影像旋角、航带弯曲度、航高保持等方面进行检查。

1) 影像重叠度。同一条航线内相邻的影像重叠称为航向重叠，相邻航线的重叠称为旁向重叠。按照低空数字航空摄影要求，航向重叠度一般为60%～80%，最小不应小于53%；旁向重叠度一般为15%～60%，最小不应小于8%。根据相机曝光时刻的记录信息，利用软件按重叠度排列，检查确保整个航摄区域内没有出现漏洞，且所选数据的影像重叠均满足低空数字航空摄影规范要求。

2) 航带弯曲度。航带弯曲度是指航线两端像片主点之间的直线距离与偏离该直线的最远像主点到该直线的垂直距离之比、通常采用"%"表示。无人机在飞行过程中，受外界自然条件影响会出现偏离预设航线的情况，会影响影像重叠度，如果航带弯曲度过大，可能会产生航摄漏洞，影响摄影测量的作业。测量规范规定，航带弯曲度不应大于3%。

3) 航高保持。无人机在飞行过程中，受风力、气压等因素影响，实际飞行高度会偏离预设高度。航高变化直接影响影像重叠度及摄影比例尺。按照低空摄影规范要求，同一航线、相邻像片航高差不应大于30m，最大航高与最小航高差不应大于50m。利用飞机自带航迹文件，对测区内各航带最大航高差进行检查，确保所选数据航带内最大高差满足低空数字航空摄影规范要求。

4) 影像旋角。按照《低空数字航空摄影规范》要求，影像旋角一般不大于15°，个别不大于30°，在同一航线上旋角超过20°的像片不超过3片，超过15°的像片数不超过总数的10%。

检查确保影像数据各项指标均满足相应规范要求后，进入后续的几何纠正、航带整理等处理工作。

(2) 几何畸变校正。无人机在执行航拍任务时，由于飞行运动使无人机成像传感器的姿态发生变换，导致获取的航摄影像发生几何畸变。航摄影像的几何变形是指图像中的像元在图像坐标系中的坐标与其在地图坐标系等参考系统中的坐标之间的差异，消除这种差异的过程称为几何校正。航摄影像的几何变形可分为静态变形和动态变形两大类：

①静态变形是指在一幅图像的形成过程中传感器相对于地球表面呈静止状态时所具有的各种变形误差；②动态变形是指在一幅图像的形成过程中传感器的运动所造成的图像变形。在静态变形中，可分为内部误差和外部误差两类。内部误差是由传感器结构等因素引起的，如摄像机的焦距变动、像主点偏移、镜头畸变等。外部误差是指遥感器本身处在正常的工作条件下，由遥感器以外的各种因素所造成的误差，如传感器的外方位变化、传感介质的不均匀、地球

曲率、地形起伏、地球旋转等因素所引起的误差。

航摄影像几何校正主要消除航摄影像的坐标在地图坐标系等参考系统中的坐标间的差异，几何校正的关键是确定参考坐标系统和影像的内外方位因素，并进行旋转变换到同一原点的坐标系，以此消除差异。

（3）坐标系统。

1）像平面坐标系 $o-xy$（图 2.61）：像平面坐标系是影像平面内的直角坐标系，用来表示像点在像平面上的位置。若摄影中心为 S，摄影方向与影像平面的交点 o 称为影像的像主点，像平面坐标系的原点就位于像主点。对于航空影像，两对边机械框标的连线为 x 轴和 y 轴的坐标系称为框标坐标系，其与航线方向一致的连线为 x 轴，航线方向为正向，像平面坐标系的方向与框标坐标系的方向相同。

2）像空间坐标系 $S-xyz$（图 2.61）：该坐标系是一种过渡坐标系，用来表示像点在像方空间的位置。该坐标系以摄站点或（投影中心）S 为坐标原点，摄影机的主光轴 So 为坐标系的 z 轴，像空间坐标系的 x、y 轴平行，在这个坐标系中，每一个像点的 z 坐标都等于 So 的长，但符号是负的。

3）像空间辅助坐标系 $S-XYZ$（图 2.61）：该坐标系是一种过渡坐标系，它以投影中心 S 为坐标原点。在航空摄影中通常以铅垂方向（或设定的某一竖直方向）为 Z 轴，取航线方向为 X 轴，这样有利于改正航线方向积累的系统误差。

4）摄影测量坐标系 $A-X_PY_PZ_P$（图 2.61）：该坐标系是一种过渡坐标系，用来描述解析摄影测量过程中模型点的坐标。在航空摄影测量中通常以地面上某一点 A 为坐标原点，而它的坐标轴与像空间辅助坐标系的坐标轴平行。

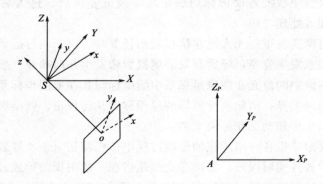

图 2.61　空间坐标系

5）物空间坐标系 $O-X_tY_tZ_t$：该坐标系是摄物体所在的空间直角坐标系。测绘中所用的是地面测量坐标系（大地坐标系）。前面介绍的 4 种坐标系均是右手直角坐标系，而地面测量坐标系为左手坐标系，它的轴指向正北方向，高程则以我国黄海高程系统为基准。在地球上一个小范围内讨论问题时，把 o-$X_tY_tZ_t$ 视为左手直角坐标系是允许的，但当测区范围较大时，须考虑地球曲率的影响。

（4）影像的内外方位元素

1）内方位元素：确定摄像机的镜头中心（严格地说，应该是镜头的像方节点）相对于影像中心的位置关系参数，称为影像的内方位元素。内方位元素包括以下 3 个参数：像主点（主光轴在影像面上的垂足）相对于影像中心的位置 x_0、y_0 以及镜头中心到影像面的垂距 f（也称主距）。对于航空影像，x_0、y_0 即像主点在框标坐标系中的坐标。内方位元素值一般由摄影机检校确定。

2）外方位元素：确定影像或摄影光束在摄影瞬间的空间位置和姿态的参数，称为影像的外方位元素。一幅影像的外方位元素包括 6 个参数，其中有 3 个是线元素，用于描述摄影中心 S 相对于物方空间坐标系的位置 X_S、Y_S、Z_S；另外 3 个是角元素，用于描述影像面在摄影瞬间的空中姿态。

（5）角元素的 3 种不同表达形式。

1）以 Y 轴为主轴的 φ-ω-θ 系统（主轴是在旋转过程中空间方位不变的一个固定轴）：以 Y 轴为主轴旋转 φ，然后绕 X 轴旋转 ω，最后绕 Z 轴旋转 θ 角，如图 2.62 所示。

2）以 X 轴为主轴的 φ'-ω'-θ' 系统：以 X 轴为主轴旋转 ω'，然后绕 Y 轴旋转 φ'，最后绕 Z 轴旋转 θ' 角，如图 2.63 所示。

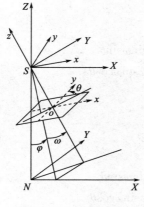

图 2.62　φ-ω-θ 系统

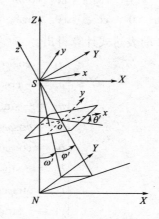

图 2.63　φ'-ω'-θ' 系统

3）以 Z 轴为主轴的 A-α-θ 系统：以 Z 轴为主轴旋转 A 角，然后绕 Y 轴旋转 α，最后绕 Z 轴旋转 θ 角，如图 2.64 所示。

（6）空间直角坐标系的旋转变换。像点空间直角坐标的旋转变换是指像空

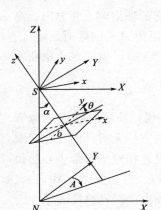

图 2.64　$A\text{-}\alpha\text{-}\theta$ 系统

间坐标与像空间辅助坐标之间的变换。空间直角坐标的变换是正交变换，一个坐标系按某种顺序依次旋转 3 个角度即可变换为另一个同原点的坐标系。

设像点 a 在像空间坐标系中的坐标为 $(x, y, -f)$，而在像空间辅助坐标系中的坐标为 (X, Y, Z)，两者之间的正交变换关系可以用下式表示：

$$\begin{bmatrix} X \\ Y \\ Z \end{bmatrix} = R \begin{bmatrix} x \\ y \\ -f \end{bmatrix} = \begin{bmatrix} a_1 & a_2 & a_3 \\ b_1 & b_2 & b_3 \\ c_1 & c_2 & c_3 \end{bmatrix} \begin{bmatrix} x \\ y \\ -f \end{bmatrix}$$

或

$$\begin{bmatrix} x \\ y \\ -f \end{bmatrix} = R^{\mathrm{T}} \begin{bmatrix} X \\ Y \\ Z \end{bmatrix} = \begin{bmatrix} a_1 & b_1 & c_1 \\ a_2 & b_2 & c_2 \\ a_3 & b_3 & c_3 \end{bmatrix} \begin{bmatrix} X \\ Y \\ Z \end{bmatrix}$$

式中：R 为一个 3×3 的正交矩阵，由 9 个方向余弦组成。以影像外方位角元素 $\varphi\text{-}\omega\text{-}\theta$ 系统为例，对于上述两个坐标系之间的转换关系可以理解为：像空间坐标系是像空间辅助坐标系（相当于摄影光束的起始位置）依次绕相应的坐标轴旋转 φ、ω、θ 3 个角度以后的位置。此时 R 可表示为

$R = R_\varphi R_\omega R_\theta$

$$= \begin{bmatrix} \cos\varphi & 0 & -\sin\varphi \\ 0 & 1 & 0 \\ \sin\varphi & 0 & \cos\varphi \end{bmatrix} \begin{bmatrix} 1 & 0 & 0 \\ 0 & \cos\omega & -\sin\omega \\ 0 & \sin\omega & \cos\omega \end{bmatrix} \begin{bmatrix} \cos\theta & -\sin\theta & 0 \\ \sin\theta & \cos\theta & 0 \\ 0 & 0 & 1 \end{bmatrix} = \begin{bmatrix} a_1 & a_2 & a_3 \\ b_1 & b_2 & b_3 \\ c_1 & c_2 & c_3 \end{bmatrix}$$

将 R 的表达式计算得出：

$$\begin{cases} a_1 = \cos\varphi\cos\theta - \sin\varphi\sin\omega\sin\theta \\ a_2 = -\cos\varphi\sin\theta - \sin\varphi\sin\omega\cos\theta \\ a_3 = -\sin\varphi\sin\omega\sin\theta \\ b_1 = \cos\omega\sin\theta \\ b_2 = \cos\omega\cos\theta \\ b_3 = -\sin\omega \\ c_1 = \sin\varphi\cos\theta + \cos\varphi\sin\omega\sin\theta \\ c_2 = -\sin\varphi\sin\theta + \cos\varphi\sin\omega\cos\theta \\ c_3 = \cos\varphi\cos\theta \end{cases}$$

2.3.3　空中三角测量

在已知少量地面控制点的基础上，通过量测重叠像片的像点坐标，依据立

体像对的相对定向和绝对定向等摄影测量原理，运用数学方法求解像片加密控制点坐标。

空中三角测量是利用连续摄取的具有一定重叠的航摄影像，依据少量野外控制点，以摄影测量方法建立同实地相应的航线模型或区域网模型，从而确定区域内所有影像的外方位元素。通过对空中三角测量的原理、方法及技术流程，以及影响空中三角测量精度的因素进行阐述。

（1）空中三角测量原理。空中三角测量是根据少量的野外控制点，在室内进行控制点加密，求得加密点的高程和平面位置，为缺少野外控制点的地区测图提供用下绝对定向的控制点。在传统的摄影测量中，空中三角测量是通过对点位进行测定来实现的，即根据影像的像点测量坐标和少量控制点的大地坐标，来求解未知点大地坐标和影像的外方位元素，所以也称空中三角测量为摄影测量空三加密。空三加密的意义在于：①不需要直接接触测定对象或地物，凡是影像中的对象，不受地面通视条件限制，均可测定其位置和几何形状；②可以实现大范围内点位测定的时效性，从而可节省大量的实测调查工作；③平差计算时，加密内部区域精度均匀，且很少受区域大小的影响。

空中三角测量的目的就是为影像纠正、数字高程采集和航测立体测图提供高精度的定向成果，最主要的成果就是影像定向点大地坐标和影像外方位元素。空中三角测量主要涉及资料准备、相对定向、绝对定向、区域网接边、质量检查、成果整理与提交等主要环节。

（2）空中三角测量方法。空中三角测量的方法主要有利用 POS 数据直接定向和利用已有控制点资料定向两种。

1）利用 POS 数据直接定向。低空无人飞机飞行的不稳定性使其获取的外方位元素存在粗差及突变，在利用 POS 辅助平差前可对其进行一定优化。首先利用飞机获取的外方位元素中的线元素进行同名像点匹配，并进行平差，得到新的外方位元素，剔除部分粗差，实现对原始 POS 信息优化。在影像外方位元素已知的情况下，量测一对同名像点后，即可利用前方交会计算出对应地面点的地面摄影测量坐标。

2）利用已有资料转刺像控点进行空中三角测量。控制点量测工作是区域网平差中最繁琐的工作之一，实现自动展点就成了提高摄影测量区域网平差效率的关键。利用 POS 数据实现自动展点，将会提高后续空中三角测量和影像快速拼接的效率。鲁恒等提出了一种适用于大重叠度影像的自动展点方法，通过纠正 POS 数据、判断控制点所在的影像，实现自动展绘控制点，大幅提升了展点的工作效率，有效减少了大重叠度影像漏展控制点数目。在没有野外控制点、IMU 数据又不能满足要求的情况下，通过在正射影像数据、DEM 数据、数字地形图、纸质地形图等已知地理信息数据中选取已知特征点作为控制点的方法进行控制点采集，满足了应急保障和突发事件处理的测绘需求。

（3）空中三角测量流程。空三加密流程一般包括相对定向与模型连接、平差解算与绝对定向等步骤。影像相对定向和绝对定向主要原理是利用一个测区中多幅影像连接点（加密点）的影像坐标和少量的已知影像坐标及其物方空间坐标的确定航线偏移量地面控制点，通过平差计算，求解连接点的物方空间坐标与影像的外方位元素。

无人机航空影像空三加密流程如图 2.65 所示。

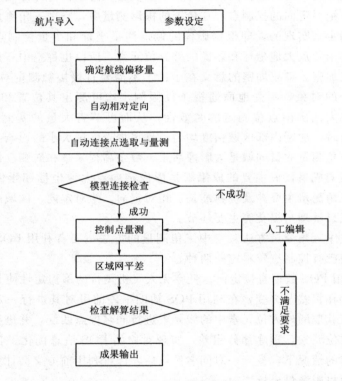

图 2.65　空三加密流程

首先进行立体像对的相对定向，其目的是恢复摄影时相邻两张影像摄影光束的相互关系，从而使同名光线对对相交。相对定向完成以后就建立了影像间的相对关系，但此时各模型的坐标系还未统一，需通过模型间的同名点和空间相似变换进行模型连接，将各模型统一到同一坐标系下。利用立体像对的相对定向构建单航带自由网，确定每条航带内的影像在空间的相对关系。构建单航带后，利用航带间的物方同名点和空间相似变换方法对各单航带自由网进行航带间的拼接，将所有单航带自由网统一到同一航带坐标系下形成摄区自由网。

由于相对定向和模型连接过程中存在误差的传递和累积，易导致自由网的扭曲和变形，因此必须进行自由网平差来减少这种误差。自由网平差后导入控制点坐标，进行区域网平差，目的是对整个区域网进行绝对定向和误差配赋。

使用 UAS Master 软件进行数据处理时，使用自动空三测量。先对预处理后的航测区域网中重叠的影像进行点云数据的提取；再导入的少量野外控制点坐标，为缺少野外控制点的地区测图提供绝对定向的控制点；根据控制点对影像进行点位控制；最后进行平差处理，得到区域航摄影像。

（4）精度影响因素。影响空三精度的主要因素有控制点精度、影像分辨率、量测精度和平差计算精度。

1）控制点精度：控制点的可靠性与精度直接影响定位的精度，乃至最终定位能否实现。

2）影像分辨率：影像的精度依赖于影像分辨率。根据成像比例尺公式可知，影像的分辨率除与 CCD 本身像元大小有关外，还与航摄高度有关，在焦距一定的情况下航高越低，分辨率越高。

3）量测精度：光束法加密时，对量测像点坐标观测值精度要求很高，但测量作业中粗差往往难以避免。粗差在地面控制点和人工加密点出现最多。它不仅影响误差的增大，而且会导致整个加密数学模型的形变，对加密的精度是极具破坏性的。另外，如果控制点或连接点存在较大的粗差，而没有剔除就进行自检校平差，会将粗差当作系统误差进行改正，导致错误的平差结果。因此，有效剔除粗差是提高加密精度的必然选择。

4）平差计算精度：光束法平差要将外业控制点提供的坐标值作为观测值，列出误差方程，并赋予适当的权重，与待加密点的误差方程联立求解。在加密软件中，控制点权重的赋予是通过在精度选项中分别设定控制点的平面和高程精度来实现的。为防止控制点对自由网产生变形影响，不宜在开始就赋予控制点较大的权重。一方面，可避免为附合控制点而产生的像点网变形，得到的平差像点精度是比较可靠的；另一方面，绝大多数控制点都不会被当作粗差挑出，避免了控制点分布的畸形。

2.3.4 影像拼接

空三平差完成后，得到了比较精确的各影像外方位元素，根据这些定向元素，采用数字微分纠正的间接法，可以得到单张航摄片的正射影像，由于无人机飞行高度低单张航摄像片的视场范围小，需要利用影像拼接技术拼接出大区域场景的正射影像。影像拼接过程主要包括影像配准和影像融合两个步骤。

（1）影像匹配。影像匹配即通过一定的匹配算法在两幅或多幅影像之间识别同名点的过程。影像匹配的方法有多种，其目的都是为了建立重叠影像间的空间坐标关系。影像匹配中常用的基于坐标信息的方法、基于灰度信息的方法、基于变换域的方法、基于特征的方法 4 类，下面重点介绍无人机影像匹配中最常用的方法是基于特征的方法。

基于特征信息的影像配准方法主要是先通过提取影像的特征信息，然后基于提取出来的这些特征（尤其是基于特征点）信息进行特征匹配，最后再基于这些匹配后的特征来实现整个影像的配准。其中，影像特征主要包括特征点（角点和高曲率点等）、线（直线和边缘曲线等）和面（闭合区域和特征结构等）。基于特征的影像匹配方法一般包括 4 个步骤：特征提取、特征匹配、几何模型参数估计和影像变换与插值。

1）特征提取。特征提取是影像配准最关键的一步，特征提取的好坏直接决定了影像配准后续工作的速度和精度。其原则是特征要明显，方便提取，而且数量多分布广。

2）特征匹配。首先结合特征自身的属性来进行特征描述，初步在相邻影像同建立特征集之间的对应关系，再通过合适的算法对存在匹配错误的特征进行剔除。

3）几何模型参数估计。构造合适的几何变换模型，根据已经建立好的特征匹配关系来确定相邻影像的整体变换关系，最后得到几何变换模型参数。

4）影像变换与插值。根据求解出的几何变换模型的参数，将影像变换到统一的坐标系下，并对影像进行插值处理。

基于特征匹配的影像匹配算法是目前研究的热点。与基于灰度的匹配方法相比，基于特征的匹配在畸变、噪声、灰度变化等方面具有一定的鲁棒性，并且具有计算量小、速度快等优点，该方法的匹配性能主要取决于影像特征提取的质量。

（2）特征点检测。影像匹配是通过影像重叠部分的相关信息来实现的。若是将所有重叠区域的像素信息全部来进行配准，这无疑会导致计算量巨大，尤其是在影像很大且数量很多的情况下，这种方法基本不可行。特征点的提取相对于其他特征（如线段、多边形、边缘等）的提取相对简单，易于实现且计算量要少。同时，特征点对灰度变换、影像变形及遮挡都有较好的适应能力，可以减小噪声对配准的影响。在进行影像配准时，对特征点进行精确匹配，然后再基于相应的变换模型就可以实现影像配准，且能够达到很高的配准精度。常用的特征点提取算法有 Moravec 算法、Harris 角点检测算法、SUSAN 角点检测算法、SIFT 算法等。

Moravec 算法原理相对简单，易于实现，但是该算法对噪声的影响十分敏感，计算量大且算法不够鲁棒。

SUSAN 算法是另一种常用的角点检测算法，被广泛应用于边缘检测，该算法对角点的检测效率要高于直线边缘的检测效率。由于不需要计算梯度信息，SUSAN 算法的效率较高，并且其采用圆形模板在影像上滑动，所以其具有旋转不变性，并且其对于噪声和光照变化影响都有一定的抵抗能力。但是，在某些弱边缘上不容易检测出正确的角点，阈值不好设定，稳定性不强，可靠性较差。

Harris 检测算法是在 Moravec 算法的基础上改进而来，影像的角度旋转对于角点的检测影响比较小，而且光照的影响对于 Harris 角点的检测也很有限，在计算上效率也比较高。采用 Harris 算法提取的兴趣点具有旋转不变性，并且光照和噪声对其影响也较小，但 Harris 算法对影像尺度变化则特别敏感。

尺度不变特征变换（scale invariant feature transform，SIFT）算法由 D. A. Lowe 于 1999 年提出并在 2004 年进行了总结，是一种基于尺度空间的、对影像缩放和旋转甚至仿射变换保持不变性的特征匹配算法，具有良好的鲁棒性、较强的匹配性，能够处理影像之间尺度变化、视角变化、旋转、平移等多种情况下的匹配问题。SIFT 算法提取的特征是影像的局部特征，对旋转、尺度缩放、亮度变化保持不变性，对视角变化、仿射变换、噪声也能保持一定程度的稳定性同时信息量丰富，适用于在海量特征数据库中进行快速、准确的匹配。研究显示，SIFT 算法对区域的描述是最好的，同时经过优化的 SIFT 特征匹配算法甚至可以达到实时的要求，因此非常适合数量多、变形大的无人机影像匹配。

1）SIFT 算子特征匹配步骤如下：

a. 建立不同的尺度空间。式中（x，y）表示点的坐标；σ 表示尺度空间参数，取值不同，尺度不同；$G(x, y, \sigma)$ 为高斯函数；$L(x, y, \sigma)$ 为尺度空间；* 代表卷积操作。利用高斯差分精确定位极值点，初步确定关键点位置和所在尺度。

b. 精确确定关键点的位置和尺度，同时去除对比度低的关键点和不稳定的边缘响应点，以增强匹配稳定性、提高抗噪声能力。

c. 确定为特征点后，利用其邻域像元的梯度方向分布特性为每个点指定方向参数，使特征具备旋转不变性。

d. 关键点描述算子生成，即生成 SIFT 特征向量位置、尺度、方向。

2）SIFT 算法具有以下几个优点。

a. 稳定性强，具有局部特征，对尺度缩放、旋转、光照差异等多种变化保持不变性，对影像的多种尺度变化、多种几何变换都具有很强的匹配能力。

b. 信息量大，速度快，能够在海量的特征数据库中迅速获得准确的匹配。

c. 特征向量多，少许具有明显特征的地物就能够产生大量的 SIFT 特征向量。

d. 扩展性强，可方便地与其他特征向量进行联合。

3）SIFT 算子匹配有以下几个缺点：

a. 特征点定位精度不高，在计算过程中主要利用高斯差分算子，找到的特征大部分是圆状点，不是明显的角点等人眼明显识别的特征点，局部纹理不够丰富，定位精度不如角点特征高。

b. 匹配后的特征点分布不是很均匀，在建筑物区域正确匹配的数量较少。

c. 建立高斯差分金字塔和特征描述符维数过高，使计算过于复杂，运算时间长。

d. 不考虑特征点构成的几何形状之间的缩放和平移变换，导致在粗匹配的结果中存在一定的误差。

（3）特征点匹配。特征点被检测出来后，需要对影像间的特征点进行匹配。目前判定相似性程度的大小一般都采用各种距离函数，如欧氏距离、马氏距离、BBF 算法。匹配的主要思路是，以某一影像中的关键点为基准，在另外相邻影像中进行搜索，找到与之距离最近的关键点和距离次近的关键点，并将最近距离的关键点除以次近距离的关键点的比值与某个阈值做比较，如果小于该阈值，则接受，否则舍弃。通过改变比例阈值，可以控制匹配点的数目阈值越低，匹配点数目就会减少，但也更加稳定。

通过上面的方法进行特征点匹配后，已经实现了相匹配，但其中还存在较多匹配误差、主要有以下两个方面的原因：一是从影像中提取的特征点的位置并不完全精确；二是特征点的初始匹配并不能完全保证所得到的点对是正确匹配的。为了达到较高的匹配精度，需要借助外部限制来消除这些错误的匹配点对，提高匹配点对的鲁棒性，常用的有 RANSAC 算法等。

（4）影像融合。影像匹配后，若是只根据影像间的几何变换模型将所有影像经过简单的投影叠加起来，那么在影像拼接线附近就会出现明显的边界痕迹和颜色差异，严重影响了合成影像整体的视觉效果。造成这种情况的主要影响因素有两个：一是影像色彩亮度的差异，主要是由影像采集环境的不同和相机镜头曝光时间的不同造成的；二是影像配准的精度，特征点的匹配精度和几何模型的变换都影响了影像配准时的精度。无人机影像融合的目的就是消除影像间出现的拼接"鬼影"，消除影像间的曝光差异，实现无缝拼接。无人机影像的配准精度决定了影像的拼接精度，而无人机影像的融合则决定了影像的视觉效果。在影像融合时，如果影像配准精度不够准确，融合后的拼接常常会出现"鬼影"现象。当影像上存在运动物体时，也会因为同一物体叠加在一起而产生"鬼影"。由无人机影像的成像特点可知，在影像配准中距离影像中心越远，影像间配准误差就越大。若在拼接时，简单地将一幅影像直接覆盖在另一幅影像上，而不做任何的融合处理，则必然会使得拼接后的影像产生明显的拼接线，并且在拼接线两边会出现局部错位。并且，由于拼接线位于远离影像中心的边缘区域，而远离中心的边缘区域其畸变是最为明显的，这就导致在拼接线两边会出现明显的错位。无人机在获取影像时，飞行姿态极不稳定，使得无人机影像存在光强和色彩的差异。由于无人机影像的高重叠性，要实现无人机影像的无缝拼接，则必须在生成最终拼接影像之前对影像之间的重叠区域进行无缝融合。所谓无缝融合，就是要在生成的拼接结果当中看不到明显的拼接缝，去除光强和色彩的差异。影像融合根据表征层可以分为三类：包括像素级、特征级和决策级。无人机影像拼接中，一般不需要进行过高层面的数据融合，而主要集中在基础级层面上的像素级，是在影像重采样的过程中完成。目前常用的影像融合方法主要有直接平均融合法、加权平均融合法、范数融合法、多频带融合法以及图切割法等。

2.3.5 影像产品生成

测绘产品生产是影像处理的最终目的，也是决策支持和信息服务的依据。无人机移动测量中生产的测绘产品主要有数字高程模型（DEM）、数字正射影像（DOM）、数字线划图（DLG）。

（1）数字高程模型（digital elevation model，DEM）是在某一投影平面（如高斯投影平面）上规则格网点的平面坐标（X，Y）及高程（Z）的数据集。

DEM 数据源是构造 DEM 的基础，其主要的获取方法有航天和航空影像、全站仪和 GPS 等仪器野外实测、从现有地形图上采集、利用机载激光雷达（LiDAR）采集、干涉雷达（InSAR）采集等方法。无人机光学影像获取 DEM 的主要方法是全自动匹配提取与自动量测多点，排除和过滤掉不合格的点后，经内插构造 DEM。

DEM 有多种表述形式、主要包括规则矩形格网与不规则三角网等。DEM 的格网间隔应与其高程精度相适配，并形成有规则的格网系列。根据不同的高程精度，可分为不同类型，为完整反映地表形态还可增加离散高程点数据。但是，采用规则格网 DEM 表示不足以反映出地形特征点、山脊线、山谷线、断裂线等复杂地形表面现象，将把地形特征采集的点按一定规则连接成覆盖整个区域且互不重叠的许多三角形，构成一个不规则三角形网（triangulated irregular network，TIN），以此表示的 DEM 能够很好地表示出地貌特征。往往在地形比较复杂的地区，采用三角网 DEM 或 TIN 表示。制作 DEM 主要是为满足 DOM 快速制作的需要，因此手工编辑并不是必要步骤，可根据任务时间决定是否手工编辑以提高精度。

1）畸变校正。无人机航测在影像获取的过程中未进行检校，其畸变差较大，无法直接用于后续的空三与测图处理。在进行空三加密之前，必须先进行畸变差校正。通常根据提供的相机鉴定报告，提取像主点的坐标、焦距、径向畸变系数、偏心畸变系数和 CCD 非正方形比例系数。然后，利用影像畸变差校正模块进行影像的畸变差改正。

2）空三加密。无人机影像的 POS 数据仅用于无人机的毛行导航，精度低，无法采用 POS 辅助空三加密的方法。目前，无人机影像的空三加密通常按照加密周边布点的传统航测加密方法，经过影像的内定向、相对定向与模型连接、自由网平差处理后，转刺野外控制点，进行光束法区域网平差。

由于无人机影像的重叠度大，为避免大量同名点的自动匹配错误及减少计算量，通常航带内隔片抽取影像参与空三加密，并且需人工合理地选取航线间的初始偏移量。无人机影像的像幅覆盖范围小、重叠度大、影像数量多，可以通过分网加密的方法加快处理速度。为了减少测区内部的加密分区接边，分网处理达到要求之后再进行合网加密处理。

在空中三角测量中，利用影像匹配技术来确定同名像点。影像匹配分为全自动和半自动影像匹配两种方法。对于绝大部分的工程，一般的软件都可以实现全自动影像匹配，对于困难地形要实行基于人工辅助的半自动影像匹配。

通过影像匹配技术自动提取相邻两张影像同名定向点的影像坐标，并输出各原始影像的像点坐标文件，以第一张影像的影像坐标系为基准，对其他同航带影像做相对定向。通过光束法进行单航带自由网平差，生成单航带定向点文件。将第一条航带内所有与下条航带相同的定向点当作控制点，对下条航带做绝对定向，从而使下条航带内所有影像统一至上一条航带坐标系内。然后对该航带再做一次自由网平差计算产生新的航带定向点文件，作为下条航带的控制点来使用。依此类推，将所有航带统一到一个坐标系内。通过多视影像匹配技术自动提取航带间所有连接点，通过光束法进行区域自由网平差，输出整区域定向点（同名像点）三维坐标。全自动相对定向需要解决的关键问题有如下几点：提取特征点；计算影像重叠区；剔除粗差点。

利用野外实测像控点成果，对各分区影像进行绝对定向。绝对定向分为两个步骤：一是集中添加野外控制点；一是利用野外控制点坐标进行绝对定向运算，然后进行平差计算得到最后的空三结果。调整外方位元素的权和欲剔除粗差点的点位限差，通过区域网光束法平差计算，生成各分区平差成果。将生成的各分区全部合格成果进行整网约束平差，生成平差后的定向点（同名像点）三维坐标、外方位元素及残差成果等文件。绝对定向完成后，根据地面控制点坐标提取全区控制点子影像，根据平差计算结果依次对每个控制点的位置进行调整，直到达到精度要求。

3）DEM 生成。根据空三加密成果，对原始影像重采样生成核线影像；

然后利用高精度的数字影像匹配算法自动匹配大量三维离散点，得到成图区域的数字表面模型（DSM）；最后，自动滤波便可得到数字高程模型（DEM）。

（2）数字正射影像。数字正射影像（digital orthophoto map，DOM）是利用数字表面、高程模型（DSM、DEM），经数字微分纠正（逐像元几何纠正）、数字镶嵌（影像拼接），并按国家基本比例尺地形图图幅范围裁剪、整饰生成的数字正射影像数据集。

数字正射影像是客观物体或目标的真实反映，信息丰富逼真，人们可以从中获得所研究物体的大量几何信息和物理信息。数字正射影像具有精度高、信息丰富、直观、快速获取等优点，应用广泛。不仅可以应用在城市和区域规划、土地利用和土壤覆盖图，也可以以使用的地图为背景，分析控制信息，提取历史发展的自然资源和社会最新经济信息，并为防灾害和建设公共设施的规划申请提供可靠的依据，还可以提取和派生出新的地图，实现对地图的修测和更新。

作为极其重要的基础地理信息产品之一，数字正射影像图具有地图的几何精度，并且还具有影像的特征，其主要的特征有：①数据信息量大，内容丰富；②按照比例尺分幅管理，比例尺和分幅标准间地形图一致；③数学精度以及坐标系统与同比例尺的地形图标准一致；④具有空间参考，可以直接在图形中测量。

1）数字微分纠正。在已知影像内定向参数、内外方位元素以及数字高程模（DEM）的前提下，可以进行数字微分纠正。通过计算地面点坐标、计算像点坐标、灰度内插、灰度赋值等步骤，即能获得纠正后的数字影像。

2）影像匀色与镶嵌 DOM 技术流程选取摄区具有代表性的影像作为标准模板，采用基于蚁群算法的最小二乘原理，并行计算摄区所有影像，使摄区所有影像与标准模板的影像色调一致，达到进行整体匀色的效果。数字微分纠正得到了每张纠正影像左下角的地面坐标，利用此信息，结合匀色后的单片纠正结果，自动完成正射影像的镶嵌拼接和接边处理。

3）手工编辑全自动处理快速生成了测区 DEM，但是 DEM 格网点不一定全部正确，局部粗差会导致影像的拉花；DSM 到 DEM 的过程中，也不一定能保证所有房屋、树木等高于地面的点全部滤除干净，所以必须对测区的 DEM 和 DOM 进行编辑，以达到正射影像的成果要求。编辑主要包括对点的编辑和对影像的编辑。

a. 点的编辑。DEM 置平：将多边形或矩形框区域内部选中的 DEM 点赋予相同的高程值，DEM 点的删除：删除选中的 DEM 各网点或 DSM 格网点。

b. 影像的编辑。当对 DEM 点进行编辑后，必须利用给定的采样片和当前的 DEM 或 DSM 重采样。当镶嵌线穿过了房屋、导致房屋被切割的情况下，采用选片采样，即利用给定的采样片和当前的 DEM 或 DSM 重采样。在影像中存在色调的拼接线问题时，要进行重新羽化。

4）DOM 拼接裁切。为了保证影像的完整性并且达到标准要求，通常情况下左右影像的正射影像都要同时生成并合并成像对，再将合并后的正射影像进行 DOM 的镶嵌。一幅标准图幅 DOM 通常需要当个像对的正射影像进行拼接镶嵌，所以必须提高镶嵌工艺的水平。采用不同的软件进行正射影像的拼接和裁切时，应选择合适的镶嵌线，最好选在河边、路边、沟、渠、田埂等地方。无法避开居民地时，应选在街道中间或河流中间穿过，尽量避开阴影、大型建筑物及影像差异较大的地方。

为保证影像的协调性，DOM 镶嵌之前应调整每个像对的正射影像，使其达到近似一致的色调和对比度。

5）拼接后检查。拼接后检查主要包括影像的辐射质量检查和影像的精度质量检查。

影像的辐射质量检查主要从影像的亮度和色彩两方面进行检查，一般采用目视检查法，主要包括整幅图色调是否均匀，反差及亮度是否适中，影像拼接处色调是否一致，是否存在斑点、拉花痕迹等。影像要色彩均衡，饱和度适中、自然，无明显接边痕迹。

影像的精度质量检查主要对图幅影像质量、图幅影像接边质量和影像数学精度进行检查。

图幅影像质量检查主要检查整个图幅 DOM 中各像对的正射影像之间是否自然过渡，有无明显接线，图幅影像是否存在影像。"拉花"和"变形"的现象，要确保图幅 DOM 清晰易读、反差适中、色调均匀一致。

图幅影像接边质量检查主要检查相邻图幅 DOM 接边线两侧节点处是否有影像错位现象，观察相邻图幅 DOM 之间影像是否模糊、色彩是否均衡等。

DOM 数学精度最直接的检查是在 DOM 上选择一定数量的明显地物点，进行外业施测坐标，与数字正射影像上的同名点坐标的比较，每幅图的检测点数量按照有关规范要求，通常不少于 30 个点。

2.3.6　UX5 无人机数据处理软件

现代航测自动空三软件突破传统航测在摄影比例尺、姿态角、重叠度等方面的严格限制，能够处理现有胶片相机、数码相机、组合宽角相机像片等面阵相机影像。通过普通飞机航摄、低空轻型机航摄、无人机航摄、无人飞艇航摄所获取的竖直摄影影像、交向摄影影像、倾斜影像以及复杂航线多基线摄影影像，可以通过多视影像匹配自动构建空中三角测量网，能进行多达 10000 片影像的大区域网光束平差；配合低空遥感的高分辨率影像，实现高精度航测定位通过高速影像匹配、点云自动过滤和适量特征线，能快速自动生成 DEM、DOM、DSM、DLG 等产品。UX5 无人机数据处理软件在全自动化空中三角测量、自动 DEM 采集、自动 DOM 制作上是空中三角测量功能强大的软件，突破传统航测在摄影比例尺、姿态角、重叠度等方面的严格限制，处理无人机航摄所获取的影像；能够处理现有市场上数码相机（Sony 系列等）所获取的数据；能进行多达 10000 片影像的大区域网光束平差，其空三处理精度传统航空摄影成果进行计算可达到 1：500 地形图精度要求，无人飞艇航测系统、无人机低空航测系统成果可达到 1：1000 地形图精度要求。可以自动构建自由空三网，自动寻找控制点，自动构建 DEM，自动生成 DOM。

（1）Aerial Imaging。UX5 无人机可搭载传感器为非测量型的普通 SonyA5100 数码相机，无人机飞行航摄结束后，根据飞行项目，将数码相机记录的影像资料和 POS 数据存放在同一个文件夹里，确保相机触发次数（N）与照片数量相等。导出 RGB 格式影像和 CSV 格式 POS 数据。具体操作步骤：

在 Aerial Imaging 界面中选择飞行项目，点击导出，如图 2.66 所示。

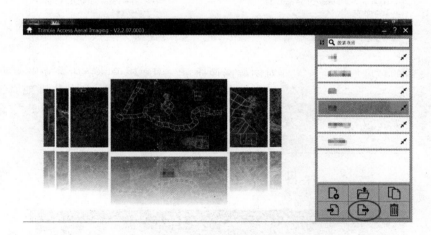

图 2.66　选择项目导出

选择导出数据格式为通用格式（ *.csv，*.txt），如图 2.67 所示。

选择已保存过的飞行区块对应的影像资料，如图 2.68 所示。

根据影像文件的数据，选择对应的第几次飞行，如图 2.69 所示。

读取飞行信息确定上述飞行对应的架次所触发相机开关次数，如图 2.70 所示。

查找触发事件数与文件夹中影响数量是否吻合，如果不吻合，重新选择该飞行对应的文件夹中的影像数据，如图 2.71 所示。

确定后保存飞行点坐标文件到对应目录中，如图 2.72 所示。

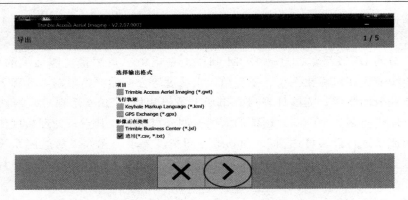

图 2.67　导出数据格式选择

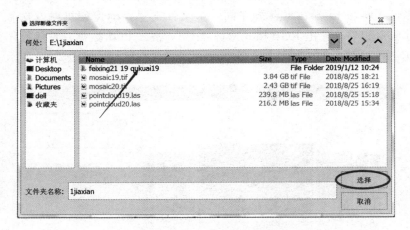

图 2.68　选择影像资料文件夹

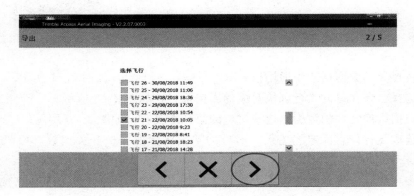

图 2.69　影像资料对应的飞行

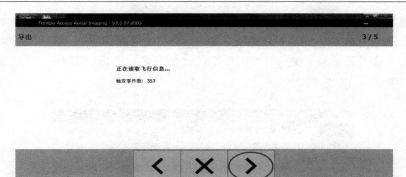

图 2.70　确定触发事件数

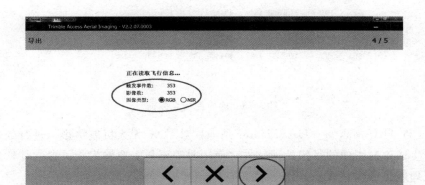

图 2.71　查看触发事件与影像数量

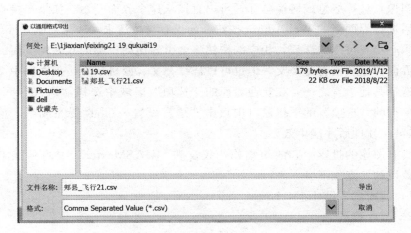

图 2.72　保存文件

在对 UX5 无人机航空摄影数据进行处理时，不仅需要影像的像点测量坐标，还需要地面控制点坐标，为此在进行影像处理前需要对 GPS 测量的地面控制点坐标进行处理，建立 GCP 文件，包括点名、坐标、高程，另存为 CSV 格式，如图 2.73 所示。

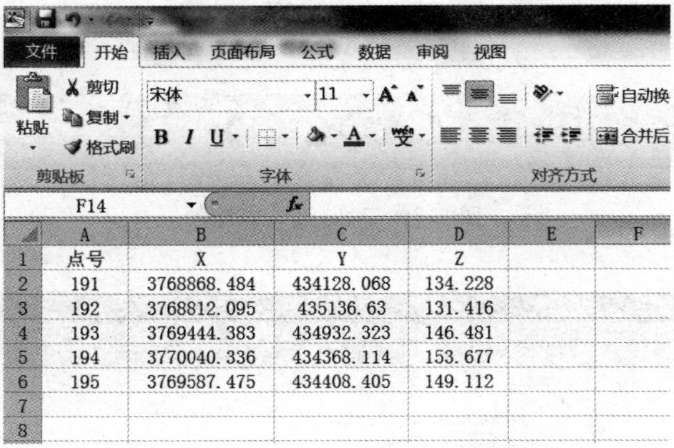

	A	B	C	D	E	F
1	点号	X	Y	Z		
2	191	3768868.484	434128.068	134.228		
3	192	3768812.095	435136.63	131.416		
4	193	3769444.383	434932.323	146.481		
5	194	3770040.336	434368.114	153.677		
6	195	3769587.475	434408.405	149.112		
7						
8						

图 2.73　地面控制点数据

（2）UASMaster。UASMaster 是一款对 UX5 无人机航摄影像进行处理并快速生成正射影像的影像处理软件。使用时需要只需要输入相关参数，软件自行处理航摄影像。软件具体处理操作为：

Master 主界面工具栏有"项目"可打开现有项目或启动新项目设置。此外，还可以定义语言设置和偏好等一般信息。不需要项目定义的工具，如查看单个图像，计算概览或转换坐标，可以直接从这个界面开始。如果想检查许可证，请选择界面上的 WebAdmin 按钮。如果有支持请求，或想要到达 Trimble 学习中心检查可用的课程，相应的按钮将会引导访问正确的互联网页面。

界面的默认语言是英文，但也可以选择德文、西班牙文、俄文和中文的外观。选择其他语言之一，在欢迎界面的"选项"区域中选择"语言"，或在上方菜单栏的"选项"的下拉窗口中点击"语言设置…"。设置完成后，重新启动 Master 软件后才能生效。

具有图像的投影中心的块结构。仅反映"UASMaster"中的标准工作流程。该块的特点如下：

1）地面像素尺寸：0.1m。

2）图片数量：353。

3）条数：15。

4）交叉条数：0。

5）平均重叠：80%/80%。

6）平均地形高度：145m。

7）控制点/检查点：可用。

8）地形类型：平原。

9）UAS：Trimble UX5。

对于 UAS 项目，我们假设 GNSS 天线坐标的准确度约为 10m。

新建项目。创建新项目将打开 UAS 项目编辑器。除了管理设置，还必须定义目标坐标系。所有结果将参考该坐标系。目标坐标系必须是投影系统，而不是地理系统。所有导入的数据将转换为定义的目标系统，新建项目如图 2.74 所示。

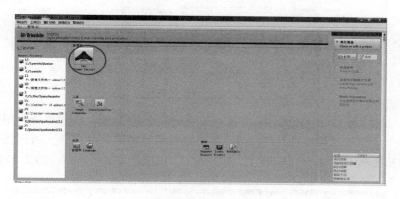

图 2.74　新建项目

在描述部分根据实际情况输入项目名称，操作员名称，设置为英文格式；根据实际飞行项目要求设置坐标系，点击"…"会出现坐标系统，基本信息选项如图 2.75 所示。

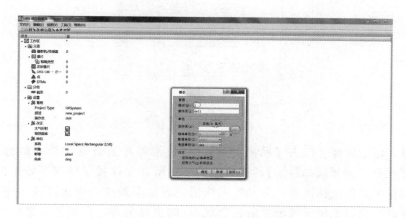

图 2.75　基本信息选项

根据实际进行坐标系选择，例如：Beijing1954 系统、WGS84 系统等，选择坐标系如图 2.76 所示。

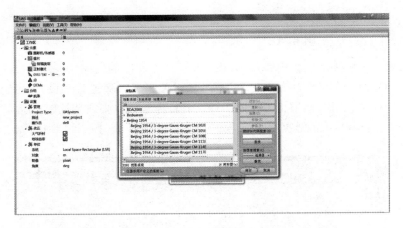

图 2.76　坐标系选择

添加相机类型。根据 UX5 搭载的非测量型的普通 Sony A5100 数码相机设置相机型号，双击【摄影机/传感器】，在摄影机编辑器中添加或导入摄影机，可任意命名摄影机 ID，选择相应型号，点击确定。相机设置如图 2.77～图 2.80 所示。

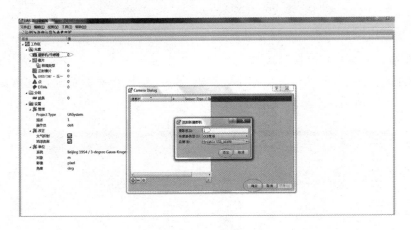

图 2.77　相机设置

导入原始影像。双击【框幅类型】，在框幅像片编辑器中导入影像文件，选择导入方式为【选择目录】，找到原始影像所在文件目录导入原始影像，根据地面控制点的坐标高程，取高程平均值设置地形高度，再选择【使用片断】对位置进行设置，使设置的片断包含点 ID 的全部名称，框幅类型选项卡如图 2.81～图 2.85 所示。

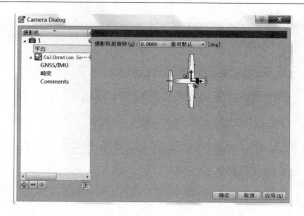

图 2.78　相机机架旋转设置

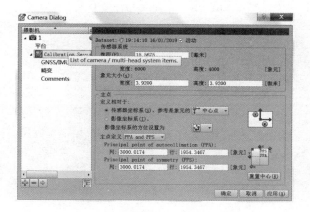

图 2.79　传感器系统设置

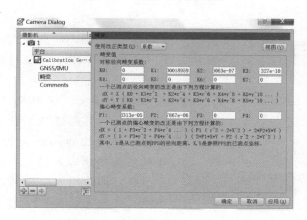

图 2.80　畸变调整

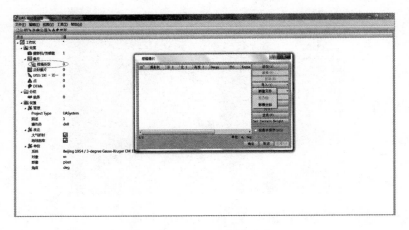

图 2.81　框幅类型选项卡

图 2.82　选择影像文件

图 2.83　使用片断设置

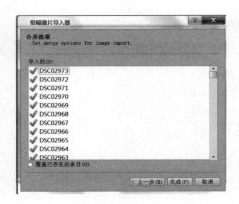

图 2.84　合并完成

导入 POS 数据。选择【GNSS/IMU】编辑器，点击导入，找到相应文件夹，将 UX5 无人机飞行的 POS 数据通过 Aerial Imaging 导出的 CSV 文件导入到 UAS Master 中，编辑 POS 数据的点名、坐标、旁向倾角、航向倾角、像片旋角。使用片断同原始影像导入设置，坐标系选择地理系统，设置相应高程坐标系统，再使用航空旋转顺序进行坐标变换，点击【标准差】，选择默认后点击确定，POS 数据导入完成，操作过程如图 2.86～图 2.99 所示。

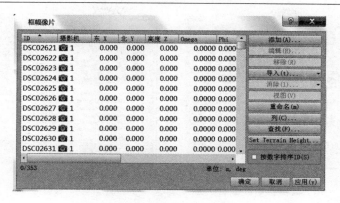

图 2.85　框幅像片导入完成

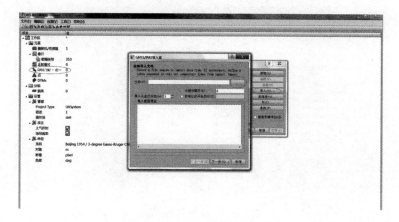

图 2.86　GNSS 导入编辑器

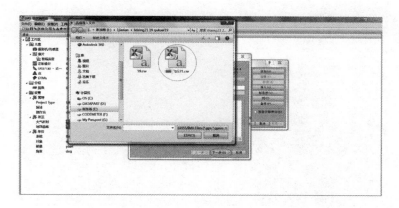

图 2.87　选择飞行文件

图 2.88　确定初始数据点位置

图 2.89　数据分隔

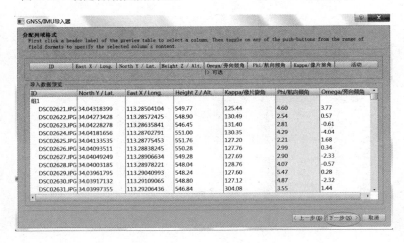

图 2.90　数据名称设置

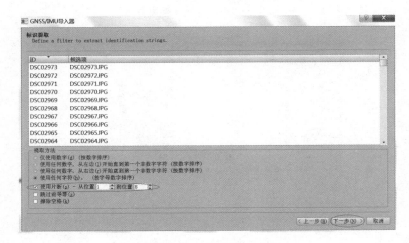

图 2.91　使用片断设置

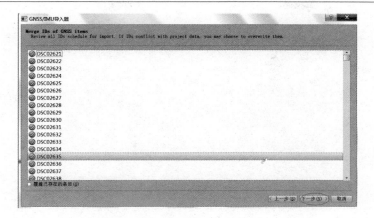

图 2.92 数据点导入完成

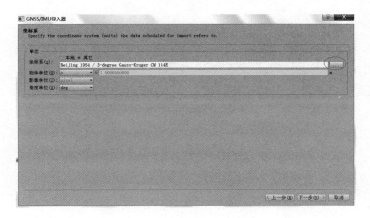

图 2.93 选择投影坐标系

图 2.94 选择地理系统坐标系

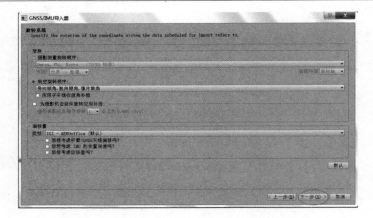

图 2.95　选择航空旋转顺序

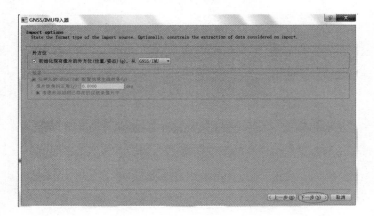

图 2.96　GNSS 导入选择

图 2.97　GNSS 导入确认

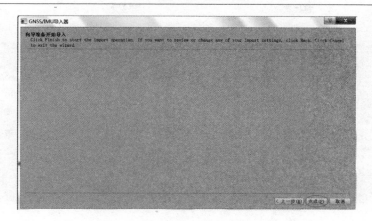

图 2.98　GNSS 数据导入完成

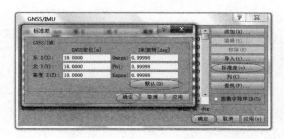

图 2.99　标准差设置

　　导入地面控制点坐标。步骤与 POS 数据导入相同，选择 GPS 测量的地面控制点坐标 CSV 文件，设置点名、平面坐标，设置使用片断，选择与 POS 数据相同的坐标系，完成地面控制点坐标的导入，导入过程如图 2.100～图 2.103 所示。

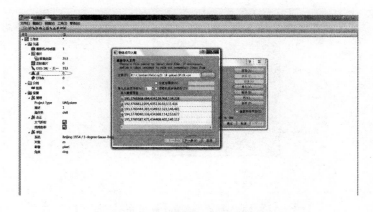

图 2.100　控制点导入选项卡

图 2.101　数据名称设置

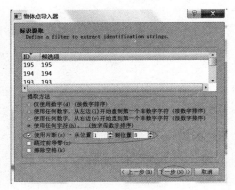

图 2.102　使用片断设置

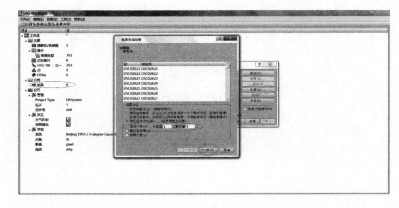

图 2.103　选择坐标系统

生成航条。双击【航条】在航条生成编辑器中，根据 POS 数据设置使用片断将全部空间点提取，设置方位角限差和距离限差，航条生成后保存项目，生成航条过程如图 2.104～图 2.107 所示。

生成数字高程模型（DEM）。检查生成的航条和地面控制点是否符合实际飞行情况，点击【地理参照】将空间点进行坐标变换，使得空间点坐标系与地面控制点坐标系相同；进行连接点提取，根据项目要求可选择不同的精度进行连接点提取，一般选择默认，软件进行自

图 2.104　使用片断设置

图 2.105　参数设置　　　　　　　图 2.106　航条导入完成

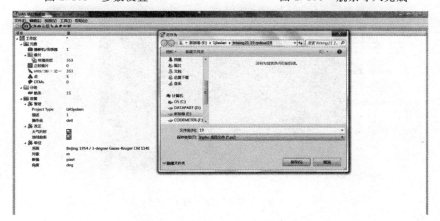

图 2.107　保存项目

动坐标变换；点击【测量】根据地面控制点选择【测量 GCP】进行刺点，将空三坐标变换后控制点的位置与影像中实际位置统一，使每张影像在色彩精度上进行拼接融合；点击【定位】进行平差与校准；平差完成后，点击【report】生成报告，便于对 UX5 无人机飞行过程进行检查；生成数字高程模型（DEM），操作过程如图 2.108～图 2.113 所示。

生成数字正射影像图（DOM）。在点云管理编辑器中点击【表面和正射像片生成】，生成实际地物三维模型（DSM）；再提取正射影像，根据实际飞行时设置的飞行高度确定像元大小，选择正射镶嵌，处理结束，数字正射影像图（DOM）生成，操作过程如图 2.114～图 2.117 所示。

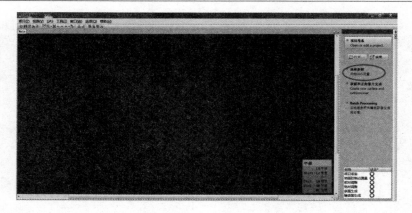

图 2.108 地理参照

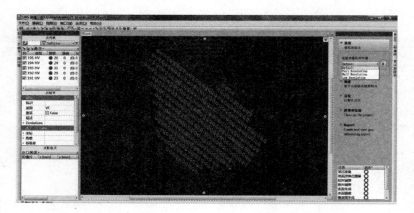

图 2.109 点云提取

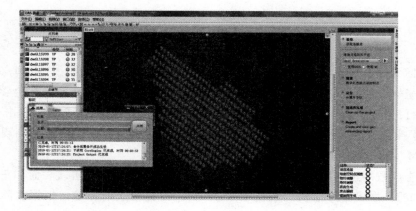

图 2.110 点云提取完成

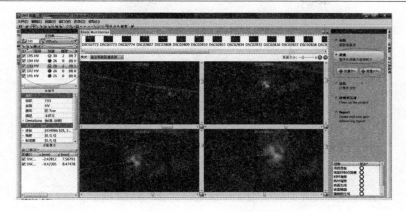

图 2.111　GCPs 点测量

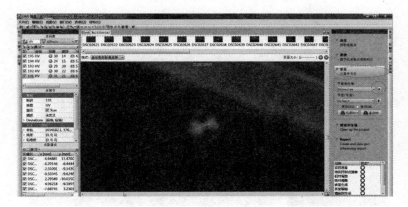

图 2.112　控制点刺点

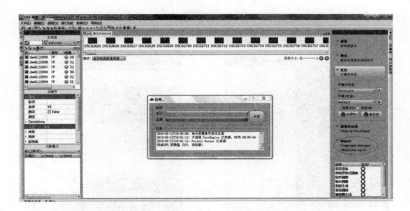

图 2.113　生成报告

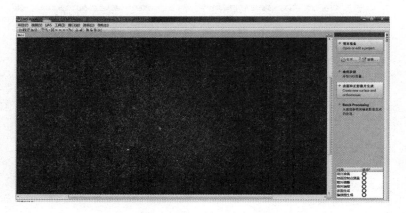

图 2.114　表面正射影像生成选项卡

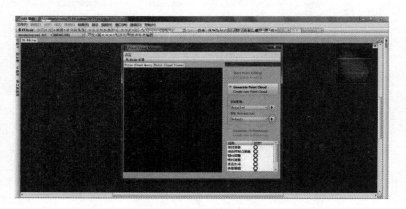

图 2.115　DSM 提取

图 2.116　像元大小设置

图 2.117　正射影像图生成

（3）Global Mapper。Global Mapper 是一款地图绘制软件，不仅能够将数据显示为光栅地图、高程地图、矢量地图，还可以对地图作编辑、转换、打印、记录 GPS 及利用数据的 GIS（地理信息系统）功能。

Global Mapper 用途：浏览、合成、输入、输出大部分流行的扫描点阵图、等高线、矢量数据集的软件，它可以编辑、转换、打印各类地图图形文件，可以利用全球情报系统（GIS）信息资源。它可以转换数据集的投影方式以符合你的项目的坐标系统，并可以同时对数据集的范围进行裁剪。它还提供距离和面积计算，光栅混合、对比度调节、海拔高度查询、视线计算，以及一些高级功能，如图像校正、通过地表数据进行轮廓生成、通过地表数据观察分水岭、对 3Dpoint 数据转换为三角多边形和网格化等。通过内建的脚本语言或众多的批处理转换选项能够高效地完成重复性任务。

在 Global Mapper 软件中，打开 TIF 格式的数据文件，选择框选工具对飞行区域的正射影像图进行，保留有图像区域部分；导入相邻飞行区域并做相同处理，在裁剪区域时注意与上一个区域连接；完成拼接后将框线图层关闭，就得到拼接后的区域组合图，再导出为 GeoTIFF 格式，具体步骤如图 2.118～图 2.129 所示。

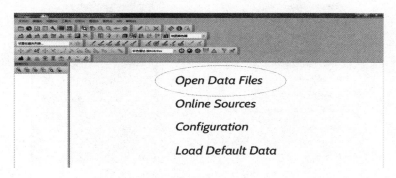

图 2.118　打开文件夹

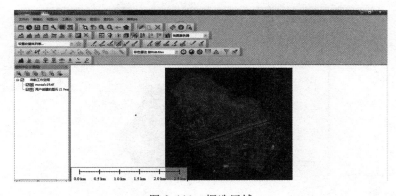

图 2.119　框选区域

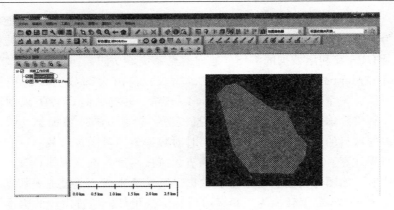

图 2.120 区域信息提取

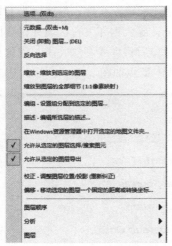

图 2.121 选项卡

图 2.122 裁剪区域

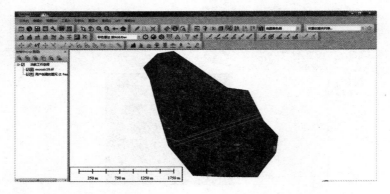

图 2.123 区域裁剪完成

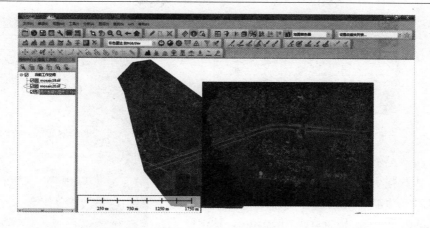

图 2.124　打开相邻区域

图 2.125　区域拼接

图 2.126　边界删除

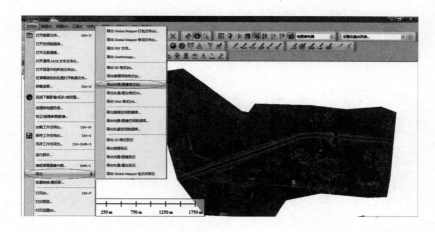

图 2.127　影像导出

图 2.128　导出 GeoTIFF 格式

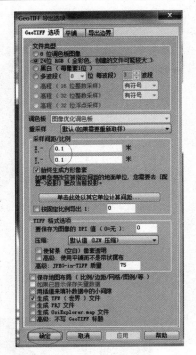

图 2.129　选项设置并导出

（4）Arc Map。ArcMap 是一个用户桌面组件，具有强大的地图制作、空间分析、空间数据建库等功能，是美国环境系统研究所（Environment System Research Institute，ESRI）于 1978 年开发的 GIS 系统。

ArcMap 是一个可用于数据输入、编辑、查询、分析等功能的应用程序，具有基于地图的所有功能，实现如地图制图、地图编辑、地图分析等功能。ArcMap 包含一个复杂的专业制图和编辑系统，它既是一个面向对象的编辑器，又是一个数据表生成器。

ArcMap 提供两种类型的地图视图：数据视图和布局视图。在数据视图中，用户可以对地理图层进行符号化显示、分析和编辑 GIS 数据集。数据视图时任何一个数据集在选定的一个区域内的显示窗口。在布局视图中，用户可以处理地图的页面，包括地理数据视图和其他数据元素，比如图例、比例尺、指北针等，ArcMap 主界面如图 2.130 所示。

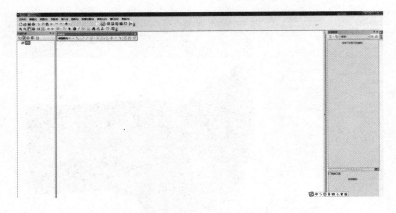

图 2.130　ArcMap 主界面

第一步：打开 ArcMap，点击左侧的【图层】，右键弹出对话框，选择【属性】对属性进行设置，在弹出如图 2.131 所示的界面中的坐标系栏中选择【投影坐标系】，点开之后选择【Gauss Kruger】→【CGCS2000】→【CGCS2000 3 Degree GK CM 114E】→【确定】。

第二步：添加：点击左侧的【图层】，右键弹出菜单栏中选择【添加数据】，在如图 2.132 所示的界面中找到需要添加的文件。

图 2.131　坐标系选择

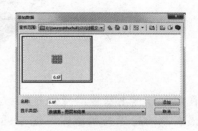

图 2.132　添加文件

如果没有找到文件夹，可以点击【转到文件夹链接】中定位文件夹所在位置，添加完成之后就是如图 2.133 所示的界面，接着点击【确定】。

图 2.133　文件添加完成

第三步：点击最右侧的【目录】，找到过程文件夹之后右键新建【Shapefile】，在要素类型中选择折线，此处可以对新建的 Shapefile 重命名，本文命名为边界。点击【编辑】，点开之后选择【Gauss Kruger】→【CGCS2000】→【CGCS2000 3 Degree GK CM 114E】→【确定】，添加元素程序如图 2.134 所示。

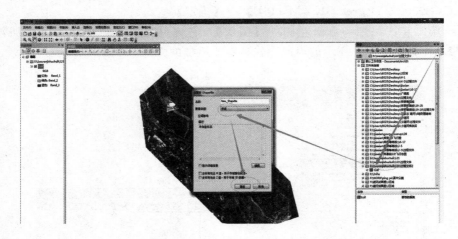

图 2.134　添加元素程序

在最左侧点击新建的【边界】，右键点击【编辑要素】，选择【要素编辑】。点击最右侧的边界开始编辑，逐步的选中整个图片，然后右键选择【完成草图】，在编辑器中选择【停止编辑】，边界线绘制如图 2.135 所示。

图 2.135　边界线绘制

下一步：导出数据。点击左侧的【6.tif】，右键点击【数据】选择【导出数据】，选择 JPG 格式，导出设置如图 2.136 所示。

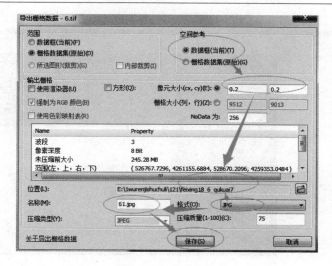

图 2.136　导出数据

导出之后，会形成一个 JPG 格式的文件，关闭界面，保存对无标题的修改，并保存在过程文件夹里，此软件运行完全结束。

（5）Cloud Compare。Cloud Compare 是一种三维点云和三角形网格处理工具。它包括许多先进的算法，用于重采样、颜色或者规范标量字段处理、统计计算、传感器管理、交互式或自动分割、显示增强等。

Cloud Compare 主要的功能如下：

1）支持放大、缩小、旋转、平移等功能。

2）支持俯视图、侧视图、前视图、后视图等方式。

3）支持正交投影和透视投影。

4）支持颜色、强度、HSV 等渲染模式，颜色渲染方式可由用户配置。

5）支持选点以及测量功能。

6）支持多边形、矩形选择点云功能。

7）支持按 BOX 裁切点云。

8）支持相机显示设置。

9）可设置点大小。

第一步：打开 Cloud Compare，点击最左侧的【打开】，在弹出界面中打开我们所需要的 .laz 格式的文件。在下一个界面中点击【Apply】，接着会弹出如下图所示的界面，在【Shift】中把多有的值都改为 0，点击【Yes】，如图 2.137～图 2.138 所示。

第二步：如同第一步，打开我们所需要的 .shp 格式的文件，如图 2.139 所示，把【Shift】中的值全部改成 0，点击【Yes】。

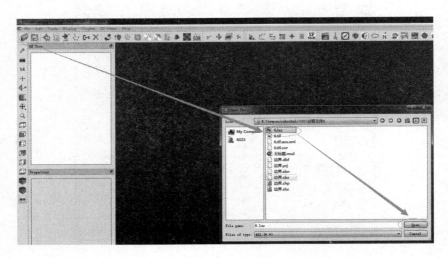

图 2.137　打开文件

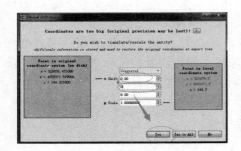

图 2.138　设置原点

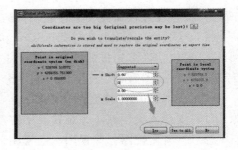

图 2.139　设置 .shp 格式文件

第三步：选中上一步骤形成的 .laz 文件，点击上方菜单栏中的【segment】，在右侧上方会弹出相应的菜单栏，选择第二项，并点击【Use existing polyline】。接着弹出选择抽稀的界面，点击【Polyline ♯1（ID＝8）】→【OK】，多段线设置如图 2.140～图 2.141 所示。

图 2.140　选择多段线

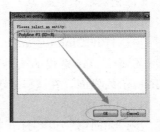

图 2.141　设置多段线

第四步：鼠标左键双击，单击图中的菜单栏的第四项，再点击倒数第三项，如图 2.142 左侧所示，共有两个文件，点击 . segmented 格式的文件，右键选择【information】可以查看此图的详细信息，显示有 6331835 个点，接下来需要对这些点进行抽稀。

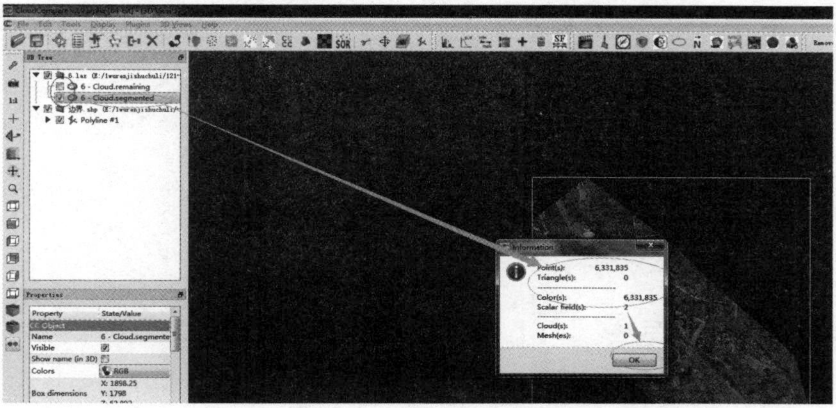

图 2.142 点云查看

第五步：由上步可知，点太多需要抽稀，所以点击菜单栏的，弹出抽稀界面。抽稀的方式又很多，Random 指的是随意抽稀，Space 是指以一定的间隔成倍数的抽稀，Octree 原意是指八叉树。进行一次一次的试验，直到结果为 2000 左右的点为止。为了保持整数，可以用 Random 抽稀的方式。最终会形成抽稀后的点云结果。并把结果保存在过程文件夹里，在过程文件夹里新建一个 Excel 表，并把保存的点云 . TXT 文件导入此 Excel 表。由于我们只需要 N. E. Z 所以只保留前三列，后面几列全删除。在前面插入两列，第一列是序号列，从 1 到 2000，第二列空白。将文件另存为 . CSV 格式，保存在过程文件夹里。接下来将 . CSV 格式改成 . dat 格式，抽稀过程如图 2.143～图 2.145 所示。

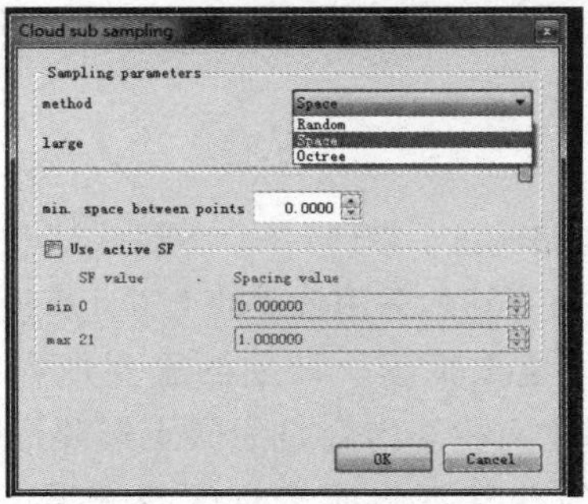

图 2.143 选择空间点

图 2.144 点云抽稀完成

图 2.145 保存点云数据

第六步：打开 Global Mapper 软件，寻找最左下的点以及确定裁剪的地图的宽度。具体方法为找到最左侧的点和最下侧的点便能得出左下点，最右侧的点减去最左侧的点便得出了宽度。由此完成点云编辑的所有工作。

（6）南方 CASS。南方 CASS 是广东南方数码科技股份有限公司基于 CAD 平台开发的一套集地形、地籍、空间数据建库、工程应用、土石方算量等功能为一体的软件系统，也是用户量最大、升级最快、服务最好的主流成图和土石方计算软件系统。CASS 软件涵盖了测绘、国土、规划、房产、市政、环保、地质、交通、水利、电力、矿山及相关行业。本书用南方 CASS 软件是先做出地形图，再生成纵断面图和横断面图。

南方 CASS 主要功能如下：

1）土方计算功能，CASS 系统提供了方格网法、DTM 法、等高线法和断面法等丰富的土方计算方法，对不同的工程条件可灵活地采用合适的土方计算模型。

2）土地勘测定界，土地勘测定界是"金土工程"计划的重要内容，其界定土地使用范围、测定界址位置、计算用地面积等内容是为国土资源行政主管部门用地审批和地籍管理提供科学准确的基础资料而进行的技术服务工作，CASS 根据土地勘测定界规程，更新了勘测定界报告书。

3）城市部件调查，包括城市部件统一编码，城市部件制图、显示，统一属性数据结构，便捷的属性数据录入、修改、查询、统计。

本书主要是用到了南方 CASS 软件的工具、绘图处理、等高线、工程应用等功能。在工具栏中，主要进行画框和插入图像操作；在绘图处理栏中，主要进行展高程点；在等高线中主要是生成三角网和绘制等高线；在工程应用中主要进行高程点生成数据文件操作。

第一步：打开南方 CASS，插入需要编辑的文件，点击上侧菜单栏中的【工具】，选择【光栅图像】→【插入图像】，图像管理器如图 2.146 所示。点击【附着】选择需要插入的图像。插入的是在 Global Mapper 中生成的 JPG 格式的文件。

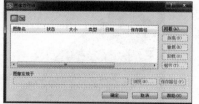

图 2.146　图像管理器

在 Global Mapper 中已经确定左下角的点和图像的宽度，因此输入左下角的点，再输入比例，比例即图像的宽度。如果输入完毕没有找到插入的图像，在左下角输入指令处输入"z"按"Enter"之后再输入"a"按"Enter"进行画面重调整定义，这样就能找到我们插入的图像了，插入图像如图 2.147 所示。

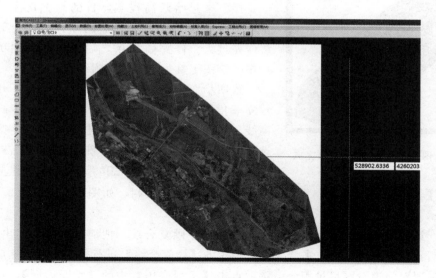

图 2.147　插入图像的结果

第二步：需要对插入的图像画一个封闭的复合线，便于建立三角形网。点击【工具】栏中的【画多边形】→【边长】，设置边为 4，然后选择第一个点，在选择第二个点确定整个矩形，本文选择的第一个捕捉点为左下角的，第二个捕捉点为右下角，框选图像如图 2.148 所示。

第三步：展高程点，导入之前生成的 dat 格式的文件，完成此步骤，才能进行等高线的绘制。点击【绘图处理】→【展高程点】，如图 2.149 所示界面，按照此图操作，完成高程点的插入。

图 2.148　框选图像

图 2.149　导入高程点

图 2.150　高程点导入完成

其中注记高程点的距离本书选择 30m，比例尺为 1∶2000，结果图如图 2.150 所示。

接下来开始修高程点，目的是把房屋、树木和一些高程相差太大的点删除掉，以免等高线误差过大。修完高程点之后，点击右侧功能栏中的绘图工具，把河道轮廓绘制清楚。

第四步：在建立了封闭复合线之后，开始建立三角网，只有建立三角网才能进一步画等高线。点击【等高线】→【建立 DTM】。接着选择"选取高程点的范围"确定之后"选取建模区域边界"形成无数三角形。在此基础上点击【等高线】→【绘制等高线】，完成等高线的绘制，如图 2.151～图 2.152 所示。等高线绘制完毕，开始绘制断面图。

第五步：绘制纵断面图，首先在图像中画复合线，把河道轮廓描述出来，然后再绘制断面图。点击【工具】栏中的【画复合线】进行轮廓描画，然后按照需要对河道轮廓尽量等分，然后点击【工程应用】中的【绘断面图】，点击【根据已知文件】然后按需选择需要绘制断面图的线。采取样点的距离为 20m，文件名设置为区域生成的 .dat。在弹出的界面中的断面图的横向比例选择 1∶2000，并且点击最右的断面图位置的"…"进行选择断面图的坐标方位，点击确定，生成断面图，如图 2.153～图 2.155 所示，可以对其进行命名（左边工具栏中有"注",可以命名，但是需要注意文字大小）。

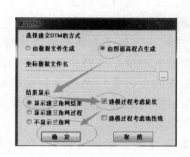

图 2.151 建立 DTM 选项卡

图 2.152 生成等高线

图 2.153 断面线设置

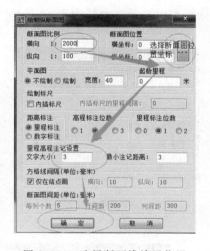

图 2.154 选择断面线放置位置

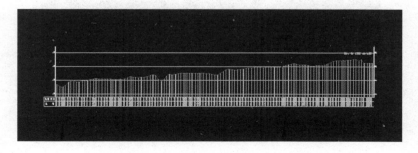

图 2.155 纵断面生成

第六步：生成横断面图，上步骤描述了如何进行纵断面图的生成，此步骤将描述怎样生横断面图。生成里程文件，点击【工程应用】中的【生成里程文件】并选择【右纵断面线生成】，并且新建。按需选择纵断面线并对其进行等分（可以删除一些已经出了图像界面的横断面等分线）。

点击【工程应用】中的【生成里程文件】并选择【右纵断面线生成】，并且选择【生成】，选择需要生成横断面图的纵断面线，在弹出的界面中设置高程点数据文件名（为区域高程点文件）、生成的里程文件名（为新建断面图文件夹里面重新命名的里程文件）、里程文件对应的数据文件名（为新建文件夹里面重新命名的里程文件数据）、断面线插值间距。

点击【工程应用】中的【绘制断面图】→【根据里程文件】（里程文件为前面生成的 .hdm 格式的文件），在此可以设置横断面图的坐标方位、几列、列间距和行间距。本书采取 4 列，行间距为 500，列间距为 1000，生成横断面图的结果图以及细部图如图 2.156～图 2.159 所示。

图 2.156 横断面设置

图 2.157 生成里程文件

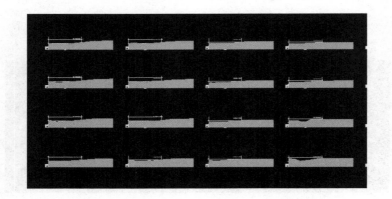

图 2.158 根据里程文件生成横断面

图 2.159　横断面图

此步骤结束，就完成了等高线的导入，等高线的绘制，横断面图的绘制和纵断面图的绘制。满足航测基本要求。

2.4　RTK 的使用流程

RTK 载波相位差分技术，是实时处理两个测量站载波相位观测量的差分方法，将基准站采集的载波相位发给用户接收机，进行求差解算坐标。这是一种新的常用的卫星定位测量方法，以前的静态、快速静态、动态测量都需要事后进行解算才能获得厘米级的精度，而 RTK 是能够在野外实时得到厘米级定位精度的测量方法，它采用了载波相位动态实时差分方法，是 GPS 应用的重大里程碑，它的出现为工程放样、地形测图，各种控制测量带来了新的测量原理和方法，极大地提高了作业效率。下面以南方 RTK 作详细的操作流程使用。

2.4.1　RTK 的分类

RTK 为实时动态的意思，分为基准站和移动站。基准站架固定在一个已知点上，移动站为工作站，用于采点及放样。基准站和移动站必须要进行实时差分，即基准站要把它接收到星历数据放在一起进行差分计算就可得到基准站到移动站一个基线向量，基线向量是个三维向量，它包含距离及方位角信息，这样可根据基站的坐标及基站到移动站的距离及方位角算出移动站的坐标。

根据以上表述可知：RTK 工作时基准站和移动站是要实时通信的，这个通信可以通过两种方式来实现。一种就是通过数传电台，此时基站主机要工作在基站模式且当前通信模块要设为外置电台，电台功率较大所以基站还要用到电瓶供电，而移动站主机则要工作在移动站模式且当前通信模块要设为内置电台，且基准站和移动站间电台的频道要一样才能实现通信；另外通信的实现方式是通过手机网络，此时基站和移动站主机的手机模块里面需要插入具有GPRS 上网功能的 sim 卡（手机卡），基站要工作在基站模式且当前通信模块要设为内置手机模块，移动站要工作在移动站模式且当前通信模块也要设为内置手机模块，然后基站和移动站还要共同设定一个具有固定IP的服务器，基站通过无线上网的方式将数据放到服务器上，移动站也通过无线上网的方式到服务器上去把数据取回来进行差分解计算。

2.4.2　RTK的工程建立

（1）工程建立与蓝牙的连接。工程建立：打开手簿→打开EGSTAR→点击工程→新建工程。假设建立项目名称为111。

点击配置→点击坐标系统设置→编辑，根据业主提供的坐标系修改其椭球名称和中央子午线。其他不需要更改。

蓝牙连接：点击配置→蓝牙管理器→搜索蓝牙→连接蓝牙，如图2.160所示。

图2.160　蓝牙连接

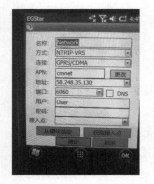

图2.161　账号设置

（2）千寻CORS账号。千寻CORS账号：购买千寻CORS账号（购买途径这里不再赘述）。例如：账号abcdefg，密码123456，点击设置→网络设置→增加→输入账号密码、IP地址，具体参数如图2.161所示。

（3）千寻CORS登录参数。

1）IP地址。域名：rtk.ntrip；端口：8001　对应ITRF2008坐标系；端口：8002　对应WGS84坐标系；端口：8003　对应CGCS2000坐标系。

2）源节点。RTCM32_GGB或RTCM30_GG。

3）账号。注册申请。

4）密码。注册申请。

2.4.3 坐标系校正

校正是测量前的必备条件之一，旨在把机器中的坐标系转化成当地坐标系。

首先，需要确定当地坐标系统（一般为北京 54、西安 80、WGS-84）和 3 个以上已知控制点坐标。如果用 3 个已知点进行点校正，这 3 个点组成的三角形要尽量接近正三角形，如果是 4 个点就要尽量接近正方形，一定要避免所有的已知点的分布接近一条直线，否则会严重影响测量的精度，特别是高程精度。

其次，待手簿出现固定解状态，在工程界面点击测量→点测量→测量已知的 3 个坐标点（例如 J1，J2，J3）；点击输入→求转换参数→增加→输入点名和已知坐标信息→确定→从坐标管理库选点→选择在该点测的点（例如 J1，J2，J3）→确定，然后依次增加其他两个点，点击设置→坐标转换方法选择七参数→确定，点击应用→是。

求完转换参数后可查看七参数：配置→坐标系统设置→编辑→七参。

转换参数求出后，在已知点测量，将测量结果与已知点进行对比，若误差满足要求，则可进行测量。

2.4.4 控制点铺设

控制点布设应该选择地势平坦的区域，避开电线杆、电塔、树木群等高大建筑物。一个方位至少需要 5 个控制点，确保控制点均匀分布于整个区域，铺设方位如图 2.162 所示。控制点对最近基础控制点的平面位置中误差不大于 0.2，高程中误差应不大于 0.2m。

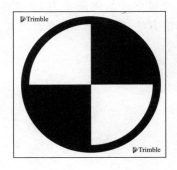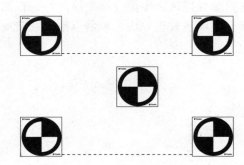

图 2.162 控制点标志及铺设放置

2.4.5　实地测量

待校正、铺靶工作都完成后且手簿出现固定解状态即可进行测量，切不可在单点解、浮动解等状态进行测点，测量时要将杆底端刺入标靶中心位置，如图 2.163 所示。

图 2.163　像控点测量

2.5　本章小结

本章阐述了 UX5 无人机航测的工作流程及操作方法，主要包括任务计划制定、外业航飞、内业数据处理等。任务计划制定主要包括添加项目地图、飞行计划制定、气象信息采集及室内检查等；外业航飞主要包括坐标系校正、起飞前准备、飞行监控及数据导出等；数据处理主要包括数据预处理、空中三角测量、影像拼接及影像产品生成等。在控制点测量中详细阐述了 RTK 的使用步骤、坐标系校正方法、控制点铺设及实地测量方法。

第3章 天宝UX5无人机航测关键技术

3.1 UX5无人机冬季电池保温技术

3.1.1 问题阐述

为了保证航测无人机充分的续航能力和足够的推进加速度，UX5无人机选择锂电池作为提供能源的动力系统。锂电池相较于等体积的蓄电池具有电压更高，容量更大的优势；同时，锂电池内安装有充电保护板，使充电更安全且更加环保。但是目前的电池技术具有局限性：在冬季气温过低的情况下，电池电量自损耗较快，甚至有时当飞机刚爬升到巡航高度时，电量几乎损耗殆尽，增大了无人机航测作业时的安全风险，因此需要采取措施使电池在使用前常温，减少其电量的自损耗。

3.1.2 解决思路

为了避免无人机在冬季进行航测任务时因电量自损耗过大而被迫降落，可使用一种针对UX5航测无人机电池而设计的保温盒，利用保温盒盒体及保温装置，保证电池在使用前处于恒温，减少电池电量的自损耗，为无人机航测作业提供足够电量。

3.1.3 电池保温盒设计

电池被放置在专门针对UX5航测无人机电池设计的电池保温盒内，保温盒结构示意图如图3.1所示，保温板结构示意图如图3.2所示，电池槽结构示意图如图3.3所示，保温板和盒盖示意图如图3.4所示。

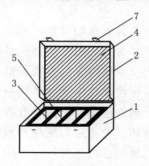

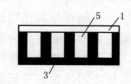

图3.1　保温盒结构示意图　　　图3.2　保温板结构示意图

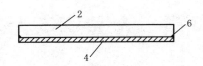

图 3.3 电池槽结构示意图　　图 3.4 保温板和盒盖示意图

图 3.1～图 3.4 中：1 为盒槽，2 为盒盖，3 和 4 为保温板，5 为电池槽，6 为橡胶圈，7 为搭扣。

电池保温盒包括电池盒体和设置于电池盒体内的保温装置，电池盒体包括放置电池的盒槽和与其连接的盒盖；电池盒体上设有保温装置，保温装置包括保温板 3、4，保温板 3 为聚苯乙烯挤塑板，该保温板是经由特殊工艺连续挤出发泡成型的材料，其表面形成的硬膜均匀平整，内部完全闭孔发泡连续均匀，成蜂窝状结构，具有良好的隔热性能、吸水性能、保温性能、抗压性能、阻燃性能、耐磨性，在浸水条件下仍能完整的保持其保温性能和抗压强度。保温板 4 为泡沫玻璃板，该保温板是由碎玻璃、发泡剂、改性添加剂和发泡促进剂等，经过细粉碎和均匀混合，再经过高温熔化发泡、退火而制成的无机非金属玻璃材料，具有质轻、防火、防水、无污染、不燃烧、寿命长等特点，能起到防火防震保温的作用，经久耐用。两保温板均设置于电池盒体的内部，保温板 3 设置在盒槽内，其上设有可容电池放入的矩形凹槽电池槽，深度小于电池的高度，通常设置电池槽为一组或多组，多组电池槽平行设置于保温板 3 上。保温板 3 和盒盖之间设有保温板 4，保温板 4 与盒盖之间还设有起密封作用的橡胶圈，盒盖和保温板上均设有供电池连接线通过的通孔，通孔可设置为一组或多组，满足无人机的供电需求。保温板 3 与盒槽的开口处之间还预留了便于电池取用的安装距离，以防使用时电池间的相互碰撞。盒盖一侧与盒槽相连，另一端通过搭扣连接在盒槽的另一侧，通常设置搭扣为一组或两组。

使用该电池保温技术，通过电池盒体和保温装置的设置，减少了无人机电池电量因冬季室外气温较低而造成的自损耗，为无人机航测提供足够电量。无人机通常采用多块电池同时工作的供电模式，该电池保温盒在保温装置上设置了多个电池槽，在起到保温作用的同时，还可使单块电池在不同的电池槽内卡固，避免了单块电池间的碰撞。第一保温板到盒槽的开口处设有方便电池取用的安装距离，不会影响单块电池的安装和拆卸，便于进行更换和检修；盒盖内侧与第二保温板之间设置的橡胶圈，起到了隔绝盒内外空气的作用，减少热对流，进一步减少热损失，进而减少电池电量因低温而产生的自耗损。

3.2 特殊地形区域像控点坐标测量方法

3.2.1 问题阐述

Trimble UX5 航测无人机作业时需在航测区域内均匀布置多个像控点，在航测作业前，需精确测量标靶点坐标，标靶点坐标的测量多采用 RTK 定位技术，结合 GPS 观测数据，定位点的坐标值。在特殊地形区域进行像控点坐标测量时面临的主要问题为：在房屋密集区域内测量时，由于建筑物数量多、且高度大，且房屋周围无线电信号源众多，易对设备产生信号干扰，甚至无法接收信号；在山区测量时，由于山区高差较大，森林茂密，地形复杂，空旷地区较少，对测量设备信号遮挡严重。

3.2.2 解决方案

（1）房屋密集区域像控点坐标测量。为了避免高大建筑物遮挡测量设备的无线信号，应选择测区内较高建筑物的天台架设 GPS 基准站，并确保天台无过多障碍物，附近无卫星天线等易干扰测量信号的无线干扰设备。布置像控点时，一方面要符合布置原则，均匀分布于整个测区；另一方面，需选择区域内较为空旷且具有明显特征的场地，既可避免坐标测量时的信号干扰，也便于后期拼图时像控点的识别。固定解的测量分为直接测定和非直接测定，前者是基于基站信号较强的情况下直接测定，后者是基于基站信号较弱的情况下通过调节基站电台为高功率模式或切换至网络模式的情况下进行精确测定。采取该方法有利于在房屋密集区域内高效快速测定固定解，同时提高数据精度。

（2）山区像控点坐标测量。为了避免茂密树木对测量设备信号的遮挡，选择测区内较高且易于攀登的山，在山顶处寻找一块较为空旷平坦且无过多卫星天线的地点架设 GPS 基准站。布置像控点时，一方面要符合布置原则，均匀布设在测区内；另一方面，尽可能选择较为空旷平坦、没有高大树木的场地，既可避免航摄时像控点被遮挡，便于后期拼图时的像控点识别，也可避免坐标测量时的信号干扰。固定解的测量与房屋密集区像控点固定解的测量相同，也分为直接测定和非直接测定，前者是基于基站信号较强的情况下直接测定，后者是基于基站信号较弱的情况下通过调节基站电台为高功率模式或切换至网络模式的情况下进行精确测定。采取该方法有利于在山区区域内高效快速测定固定解，同时提高数据精度。

3.2.3 像控点铺设方法

为了在特殊地形区域顺利测量像控点坐标，提高无人机外业航测效率，提出了一种特殊区域内航测无人机像控点坐标测量方法。其操作步骤如下。

（1）架设 GPS 基站。

1）在房屋密集区域内，寻找规定飞行区域内较高建筑物的平台架设 GPS 基站，同时要保证平台周围无障碍物和干扰信号，搜索到卫星信号后与至少六颗卫星对接。

2）在山区区域内，选择测区内较高且易于攀登的山，在山顶寻找一块较为空旷平坦、无树木且无干扰设备的场地，将 GPS 基站架设于该处，搜索卫星信号，并与至少六颗卫星进行信号对接。

（2）打开无人机手部设置的固定解模式，开启移动站，将无人机与架设好的 GPS 基站对接。

（3）测量，包括地形测量和像控点测量（仅用于山区测量时，房屋密集区测量时忽略此步骤）。

1）在无人机测区内任意选择多个点位，将每个点位标号，并且保证任意相邻两个点位之间无过多杂物。

2）通过校正过的钢尺对相邻两个点位连接线边长进行往返测量，将相对误差控制在四千分之一至三千分之一之间。

3）测量连接线转折角的左角和右角的角度。

4）将测量的数据整理后通过影像纠正的方法对截取影像进行纠正，获取纠正后的影像并生成 AutoCAD 数字化影像，然后通过 Erdas Imagine 将其转化成光学影像备用。

5）基于步骤 4）的光学影像确定山脊线和山谷线，在山脊线和山谷线上选择多个点位，采用 GPS 对多个点位进行测量并采集坐标数据。

6）将步骤 5）中的多个位点的数据转化为光学影像后进行拼接、图边角拟合和编辑处理，形成一整幅区域内的影像图形，并与光学影像进行校核。

（4）根据步骤（3）中测量的数据，校核预先设置于规定飞行区域内的至少 3 个像控点，完成校核后将其坐标转换为当地坐标。设置像控点的具体方法：当地面监控站监测到无人机到达像控点采集区域后，根据包含像控点采集区域的遥感影像和无人机传回的像控点采集到的视频图像确定像控点的准确位置。

（5）测定固定解。

1）将 GPS 移动站移至完成校核的像控点位置进行测量，并以像控点为圆心、半径为 10m 的范围内寻找 GPS 基站信号，对接后测定固定解。

2）若基站信号很弱，无法测得固定解的像控点坐标，则将 GPS 基站电台调节为高功率模式，并将移动站与 GPS 基站信号对接后测出固定解。

3）若调节为高功率模式后仍然搜索不到基站信号，则将移动站切换为网络模式，移至其中一个像控点进行校核并查看偏差，如果偏差大于正常范围值，则校核该点，校核完成后移至第二个像控点测量并再次查看偏差，直到测量偏差符合精度要求，才可进行像控点坐标的测量。

（6）测得固定解后，将标靶移至有固定解的测点位置，读取该像控点的坐标。

通过上述技术，可解决航测无人机在房屋密集区和山区内测量像控点坐标面临的技术难题，不仅避免了测量设备受其他设备信号或障碍物的干扰，同时可以加快无人机标靶的铺设，节省像控点坐标测量的时间，在山区还可节省人力耗费，从而提高无人机外业作业的效率。

3.3　城区起降点选取方法

3.3.1　问题阐述

固定翼无人机由于其固定翼的属性，对起降地点的选择较为严苛。属于固定翼类型的 Trimble UX5 航测无人机起降时要求至少长 50m 宽 30m 的平坦场地，如四周空旷、相对柔软且无石块等硬物的田地、草地等，尽量避免水泥路面的硬着陆，以防无人机在起降时因碰撞而被损毁。但在具体实施航摄任务时，通常遇到的是较为复杂的地形条件，无法保证起降所需的大面积空旷平坦场地，导致起降点的选取较为困难。在城区中，一方面高大密集的建筑物和绿化树木等会对无人机的安全起降产生阻碍；另一方面，现有的无人机城区起降点选取方法中，都是针对比较理想化的城区环境状态，并没有做特别细致的分类处理；此外，现有的无人机城区起降点选取方法，没有专门的航测校正措施，无人机容易偏离预定着陆点，无法实现城区安全起降。

3.3.2　解决思路

在城区内选择起降点时，为了避免无人机被高层建筑物或绿化树木阻碍其安全起降，在作业前应查询地图，在测区内、外预选若干处地势平坦、相对柔软且四周无较高建筑物、绿化树木或其他障碍物、硬物的开阔场地，比如城市的体育场、公园等地势开阔的地点，或者测区周边的农田、草地等，作为起降区域；对比各处场地，择优选取更加适合无人机起降的场地，并保证范围至少长 50m 宽 30m；由于无人机忌水，所以选取地点必须避开水域，保证无人机在受到天气影响等突发情况下不会在降落时掉入水中导致损毁；对预选的多个起降区域进行实地考察、测量、计算，规划出每个起降区域内具备良好条件的起降点，然后将确定后的若干个起降点在测区地图上进行标注，据此进行防止无人机偏离预定着陆点的校正算法，同时考虑起降点的高差每增加 1m，无人机降落时多向前飞行 10～20m 的前提条件，降低起降误差，保证无人机的安全起飞和降落。

3.3.3 城区起降点选取步骤

为了确保无人机在城区测区内实现安全、精准起降，降低起降误差和无人机的航测成本，可进行如下操作步骤。

（1）进行内业操作准备时，预先下载测区地图，在测区内、外分别预选若干处地势平坦相对柔软、四周无高大障碍物、地面无硬物的开阔地，比如城市的体育场、公园等地势开阔的地点，以及测区周边的农田、草地等，作为起降备选区域。

（2）对起降区域进行对比分析后选取合适地点，选取原则如下。

1）若测区内平坦空旷、地面无碎石硬物、无茎叶韧性高的植被，则避开混凝土或沥青路面防止无人机硬着陆而碰撞损坏，选取松软的土地、草地或农田，且保证尺寸满足起降区域的要求，即长度大于 50m、宽度大于 30m，作为起降区域 A。

2）若测区附近无高层建筑物，无高大障碍物如信号塔、烟囱等，无高大绿化树木，上空无电线网，则将之选取为起降区域 B。

3）若测区内、外均不能满足起降点高差 L，则另选合适的起降区域 C，注意无人机忌水，起降点应避开水域，避免无人机受天气等情况影响而在降落时掉入水中导致损毁的问题。

（3）对预选的测区内、外的多个起降区域分别进行实地考察、测量、计算，并规划出每个起降区域内具备良好条件的起降点，并将确定好的若干个起降点在测区地图上进行标注，设定并进行防止无人机偏离预定着陆点的校正算法。

3.3.4 校正算法计算步骤

（1）将单个的起降区域看成空间三维模型，以起降区域的任意一端点为坐标原点 O，即长度大于 50m、宽度大于 30m 的矩形起降区域的其中一个顶点为坐标原点 O，定义无人机起飞点的空间坐标为 $P_1(x_1, y_1, z_1)$，无人机降落点的空间坐标为 $P_2(x_2, y_2, z_2)$，起降区域 A、B、C 的个数分别为 n_1、n_2、n_3，起降点的总个数为 N。

（2）对应每个起降区域分别对无人机设定校正公式：

$$A = \ln \frac{N}{n_1 + n_2 + n_3} \geqslant \left| \ln \frac{L}{P_1 P_2} \right| = B \qquad (3.1)$$

其中

$$N > (n_1 + n_2 + n_3), L = |z_1 - z_2| \leqslant 25\text{m} \tag{3.2}$$

$$|P_1 P_2| = \sqrt{(x_1 - x_2)^2 + (y_1 - y_2)^2 + (z_1 - z_2)^2} \tag{3.3}$$

当选区中存在水塘、河流等水域时，为了提高飞机起降的安全性，需要更加注重起降时风速对飞机的影响，因此引入新的参数对公式进一步修正。

设定水域附近的风向常数为 a、风力系数允许的最大值为 b，实际操作中，参数 a、b 均可由风速检测仪实时监测获得，将无人机的校正公式更新为

$$A = \frac{a}{b} \ln \frac{N}{n_1 + n_2 + n_3} \geqslant \left| \ln \frac{L}{|P_1 P_2|} \right| = B \tag{3.4}$$

其中

$$N > (n_1 + n_2 + n_3), L = |z_1 - z_2| \leqslant 25\text{m} \tag{3.5}$$

$$|P_1 P_2| = \sqrt{(x_1 - x_2)^2 + (y_1 - y_2)^2 + (z_1 - z_2)^2} \tag{3.6}$$

运用校正公式可获得两条光滑的反映变化趋势的曲线，两条变化曲线相互影响并相互牵制，具有直观明了、高效精确的优点，即满足起降点的高差每增加 1m，无人机降落时多向前飞行 $10 \sim 20\text{m}$ 的前提条件，通过曲线之间的对比，可预测无人机的着陆点，对其飞行航线高程进行实时修正，保证无人机不偏离预定着陆点。

（3）经实地考察后，通过测量、计算并记录 n_1、n_2、n_3、N，在保证满足 $A \geqslant B$ 的条件下进行实时的起降校正，并在测区地图上标注起飞点 P_1，降落点 P_2，然后保存最新数据和校正结果，同时更新校正记录并进行实时校正提醒。校正提醒包括语音提醒和红外图像提醒，能全面检测问题并直观明了地反馈结果。其航测系统可实时更新并保存校正历史记录，利于校正结果的比对、分析，进而快速、高效地找出适应城区不同环境的不同起降区域的起降校正，极大程度上降低了起降误差，确保无人机的安全起降，并且降低了无人机的航测成本，减少了工作量，避免了人力和时间的浪费。

上述城区起降点的选取方法具有良好的普适性，适用于型号为天宝 UX5 等同类型的固定翼航测无人机，能够实现高效率、高精度、易控制的安全起降；根据选取原则可快速实现城区环境中起降点的优选，提高固定翼无人机起降点航测精度；根据起降点的高差每增加 1m，无人机降落时多向前飞行 $10 \sim 20\text{m}$ 的前提条件设定的校正算法，可防止无人机偏离预定着陆点。

3.4 山区起降点选取方法

3.4.1 问题阐述

Trimble UX5 航测无人机起降时要求至少长 50m 宽 30m 的平坦场地，四

周空旷、相对柔软且无石块等硬物的土地、田地，尽量避免水泥路面的硬着陆，以防无人机在起降时因碰撞而被损毁。但在具体实施测绘任务时，通常遇到的是较为复杂的地形条件，无法保证起降所需的大面积空旷平坦场地。尤其在山区中，一方面山区地形环境复杂，多有山崖峭壁和茂密森林，寻找一块可保证无人机安全起降的空旷地点极其不易，工作人员携带沉重仪器、漫无目的地找寻会浪费大量时间和人力，增加无人机航测成本，同时山谷间的大风也会对无人机的安全起降产生威胁；另一方面，现有的起降点选取方法只是无人机航测算法的一部分，无人机在起飞和降落时对于安全起降区域的选取，没有比较紧密的逻辑的算法做支撑，即使是进行了严谨的实地考察勘测和测区地图标识，还是很容易造成选取误差，进而导致无人机起降时损毁。目前还没有专门针对固定翼类型的无人机的起降点选取方法，无法保证固定翼无人机在山区安全精准起降并顺利完成航测任务。

3.4.2　解决思路

在山区选择起降点时，为了避免无人机碰撞山崖峭壁和茂密森林而被损毁，首先应查询测区地图，在测区内选择地势相对平坦空旷、四周无较高山崖或峭壁、茂密森林等其他障碍物的开阔场地，若测区面积小，且接壤平原，则将测区外相对海拔低于 750m 的山峰的山脚或测区附近的农田、草地作为起降地点；若测区面积大，所需的航测时间超过了无人机的续航能力，则放弃从外围飞入进行航测，应选择测区内的空旷地点作为起降区域；若测区附近仍无适合无人机安全起降的场地，则选择较为空旷平坦的山腰或者山顶等地点，将之作为起降区域；完成多个起降区域的选取后，对每个起降区域进行实地考察、测量、计算，并规划出每个起降区域内适合安全起降的地点，通过专门针对固定翼无人机山区起降点的选取算法择优选取起降区域，初步确定若干个起降点，并将初步确定的若干个起降点标注在测区地图上，再次进行续航实地考察，选择最佳起降点。完成上述操作后方可进行无人机外业作业任务。

3.4.3　山区起降点选取步骤

为了确保无人机在山区测区内实现安全、精准起降，降低起降误差和航测成本，可进行如下操作步骤。

（1）进行内业操作准备时，查询测区地图，在测区地图中选取若干处地势相对平坦空旷，四周无较高山崖或峭壁、茂密森林等其他障碍物、硬物的开阔地带，作为起降备选区域，选取原则如下：

1）若山区测区面积较小，并且与平原接壤，则选择测区外相对海拔低于750m 的山峰的山脚或测区附近的农田、草地，作为起降备选区域，同时保证起降区域的长度均大于 50m、宽度均大于 30m。

2）若山区测区面积较大，航测时间超过了无人机的续航能力，则放弃从外围飞入进行航测，选择测区内的空旷地点作为安全起降备选区域；同时保证起降区域的长度均大于 100m、宽度均大于 50m。具体包括以步骤：首先可以寻找两山间的山谷地带，寻找谷底内长度合适的空旷平地，并将之作为起降备选区域；若山谷中无满足条件的平地，则顺着山体寻找，在山腰或者山顶寻找平坦场地，并将之作为起降备选区域。

3）若测区附近无空旷平地，则选择较为空旷的山腰或者山顶等地点作为起降备选区域。

（2）选择多个适合无人机安全起降的区域后，对每个起降区域进行实地考察、测量、计算，并规划出每个起降区域内适合起降的地点，通过特定选取算法择优选取起降区域，并初步确定若干个起降点。

（3）在测区地图上将确定好的若干个起降点进行标注，再次进行续航实地勘察，进一步选择最优起降点，确保最优起降点的高差小于 25m。注意若最优起降点的高差每增加 1m，则无人机降落时会多向前飞行 10～20m。准备就绪后进行无人机的安全起飞和降落。

3.4.4　选取算法计算步骤

（1）定义较优起降区域标准常数为 a_0，较优起降区域的个数为 N，每个较优起降区域内适合安全起降的起降点个数分别为 n_1、n_2、$\cdots$、n_N，最优起降点的总个数为 n；其中较优起降区域、最优起降点均受气候和风向的影响。

（2）设定选取公式：

$$A = \left| \ln \frac{n_1 + n_2 + \cdots + n_N}{Nn} \right| \geqslant \frac{\ln n}{a_0} = B \qquad (3.7)$$

其中

$$a_0 > 1,\ (n_1 + n_2 + \cdots + n_N) > n \qquad (3.8)$$

（3）进行实地考察后，通过测量、计算并进行数据记录 N、n_1、n_2、$\cdots$、n_N、n，在保证满足 $A \geqslant B$ 的选取条件情况下，确定最终的每个最优起降点的具体方位，并将其标注在测区地图上，然后进行实时更新测区地图和航测更新提醒，航测更新提醒包括语音提醒和红外图像提醒。

3.4.5　实测案例分析

（1）测区外起降。测区外起降地点图如图 3.5 所示，由于测区面积较小并且山区一侧与平原相连，测区半径小于无人机最大航程，则进行如下操作。

选择附近相对平坦开阔的农田，如图 3.5 中的地点 1 与地点 2，东侧靠

图 3.5　测区外起降地点图

山，西接平原，且长度大于 50m，宽度大于 30m。在航测东侧山区的地形时，应根据起飞时的风向选择地点 1 或者地点 2。地点 1 中部有一条自东西向的小路，在用于南北向的起降时长度不够，由于无人机需迎风起、迎风降，当起飞时风向为西风时才可选择地点 1。若风向为东风时，由于东侧为山区，朝向大山起飞有较大坠机风险，不建议进行航测任务。若起飞时主风向为南风或北风时均可选择地点 2。

（2）测区内起降。

测区内起降地点图如图 3.6 所示，由于测区面积较大且四周无适合起降的平原，无人机无法从测区外起飞进入测区完成航测任务，则进行如下操作。

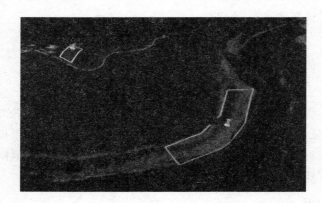

图 3.6　测区内起降地点图

选择测区内长度超过 100m，宽度超过 50m，且平坦无河流、碎石等障碍物的区域，如图 3.6 中的地点 3，位于狭长山谷中，西侧山峰较为平缓，东侧陡峭；由于山谷中往往风力较大，容易造成无人机坠毁，为确保无人机的起降安全，需在谷中风级在 3 级以下的情况下才可实施起降。根据风向可选择在地点 3 的东部或者西部起降，并且保证在设置无人机起降时的转弯和盘旋地点在山谷略偏西的上空。地点 3 的西侧山地，此处仅适合冬季无人机的起降，因为冬季时河流干涸流量小，谷底较为干燥，不会损坏无人机，若在春夏雨季，河道水流充沛，存在无人机坠入水流的安全隐患，此时谷底不可进行无人机的起降，应沿着山体另寻无人机的起降点，如图 3.6 中的地点 4。地点 4 位于山谷西侧山峰的山顶，地势较为平坦，无山崖峭壁、茂密森林，也无较大石块，适合无人机的起降，但山顶往往风势较大，在起飞前需借助风速仪等设备监测风速才可决定能否进行航测作业。因此考虑到风向、风力、风速等天气条件的影响，更新选取公式为

$$A = \left| \ln \frac{n_1 + n_2 + \cdots + n_N}{Nn} \right| > \frac{\ln n}{a_0} = B \qquad (3.9)$$

其中

$$a_0 > 1, (n_1 + n_2 + \cdots + n_N) \geqslant n \qquad (3.10)$$

更新后的选取公式一方面减少了无人机选取较优起降区域、最优起降点的个数，即临界处的风险点，从而更精确地保证了在山区测区环境较不理想的情况下，同时又能保证选取算法的高效性、有效性、安全性和可靠性。但需要注意的是，在山区作业时一定要重视起降点的高差，高差每增加 1m，无人机降落时多向前飞行 10~20m。

上述固定翼无人机山区起降点的选取方法具有良好的普适性，适用于型号为天宝 UX5 等同类型的固定翼航测无人机，能够在地形复杂的山区还可快速精准地选取最优起降地点，实现安全高效、高精度、易控制的无人机起降，提高固定翼无人机航测精度，确保无人机的安全起降，降低无人机的航测成本。

3.5　快速识别标靶设计

3.5.1　问题阐述

航测无人机像控点布设是无人机正射影像制作的重要环节，像控点布设所用靶标的设计对于航测精度的影响较大；然而现有的像控点布设所用靶标结构过于简单，无法做到快速识别，同时由于勘测地形复杂、环境和气象条件恶劣，标靶容易丢失或者损毁，一方面标靶自身成本较高，另一方面布设标靶耗费时间、人力较多，一旦标靶布设失败，就会导致航测作业失败。

3.5.2　解决思路

为了使航测无人机能快速识别标靶，采用一种轻质且可适应不同环境的防

雨防晒防风的聚偏氟乙烯材料制作标靶，将标靶设置成大小规格为 1m×1m（标靶大小可根据实际需求改动）、沿对角线分隔为 4 个三角形区域的正方形，4 个三角形区域为黑白相间颜色，以此色差快速高效准确地识别标靶中心点，提高布设效率和拼图效率；同时分别在 4 个区域上标注的项目信息、警示标志、测绘方主要信息等提示信息，可防止非工作人员随意挪动标靶。

3.5.3　标靶结构设计

标靶结构示意图如图 3.7 所示。

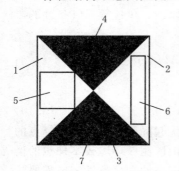

图 3.7　标靶结构示意图

图 3.7 中，1 为白一区，2 为白二区，3 为黑一区，4 为黑二区，5 为项目信息显示编码，6 为警示标志，7 为测绘方信息。

这种航测无人机识别标靶，由聚偏氟乙烯（PVDF）材料制成，具有良好的耐化学腐蚀性、耐高温性、耐紫外线性、耐热性、耐氧化性、耐射线辐射性能，同时还具有优良的耐磨性、柔韧性、耐冲击性强度，能够起到防水防晒防风的作用，很好地适应各种勘测环境。标靶形状为沿对角线分隔为 4 个三角形区域的正方形，4 个三角形区域为黑白相间颜色，便于快速识别捕捉中心点，提高拼图效率；两个白色区域分别设置有显示项目信息的红色编码（编码字体高度为 25cm）和"请勿挪动、禁止挪动"等用于警示的标志（字体高度为 10cm），以免被人挪动影响航测结果；两个黑色区域印有测绘方"公司全称、简称或者 logo"等主要信息。标靶大小规格设置为 1m×1m，可根据不同环境需求改动其大小。

使用这种由聚偏氟乙烯材料制成的分区域正方形标靶，该标靶轻质方便携带，防水防晒防风，减缓了标靶的损毁，适合大部分勘测环境；分区域正方形的标靶设计，有利于快速识别标靶中心点，提高航测效率和后期拼图效率，保证像控点捕捉的准确率，同时，设置于正方形标靶 4 个三角形区域内的项目信息和测绘方主要信息清楚简洁且便于识别，鲜明的"请勿挪动"等警示标志，则可以避免标靶被人挪动。

3.6　像控点布设标靶设计及布设方法

3.6.1　问题阐述

像控点布设是无人机正射影像制作的重要环节，也是外业过程中成本投入较大的部分，像控点布设所用靶标的设计尤为重要，然而现有像控点布设的靶标结构过于简单，且对布设点的环境要求较高，标靶布设若不提前规划，外业人员仅依靠大致判断进行像控点布设，可能会导致像控点在测区内分布不均匀，或无法识别。

3.6.2　解决方案

为了能够合理布设像控点标靶且便于航测无人机进行航测任务时准确定点，顺利完成后期拼图和内业数据处理作业，需要一种能使外业人员快速高效铺设像控点的标靶和布设方法。这种标靶由标盘和与其连接的可拆卸支撑座构成，可以通过不同的组装方式，在工作现场拼装出适合现场情况的靶标；这种标靶的布设方法是：预先下载所选测区范围的地图，在其外侧绘制矩形临界区块，并在区块 4 个顶点处分别布设一个临界像控点；在测试风向风速后，划分测区地图为若干矩形区块，在各个区块内分别预设像控点，再通过地图软件和现场考察找寻预设像控点附近空旷、交通便利的地点铺设这种无人机专用的靶标，并测得该点的坐标。

3.6.3　标靶结构及布设点设计

3.6.3.1　标靶结构

该靶标由标盘和与其连接的可拆卸支撑座构成；标盘为圆盘状，被均匀分隔成 4 个扇形区域，且为黑白相间颜色布置，两个白色区域上粘贴有警示标牌和用于显示项目信息的显示标牌；标盘侧壁上沿周向开设 3 个卡槽，外侧设置有 3 个与卡槽匹配的三棱柱状连接块，并与标盘相连后形成一个三棱柱状结构；支撑座包括支撑柱、夹持机构和若干个支腿，支撑柱顶端与标盘连接，内部设置有两个轴承，与支撑柱内壁固定连接，内侧穿有外套筒，外套筒一端与轴承内圈相连，另一端从支撑柱底端穿出后向外侧延伸并在延伸段上沿母线方向开设有滑槽Ⅰ，外套筒在位于滑槽Ⅰ的位置处分别开设有与滑槽Ⅰ连通的滑槽Ⅱ和滑槽Ⅲ，两者间平行设置，外套筒内穿设有可在其内上下滑动的滑动轴，滑动轴外壁上设置有可在滑槽Ⅰ内滑动的挡块，挡块在滑槽Ⅰ内滑动的过程中可卡入滑槽Ⅱ或滑槽Ⅲ内以实现对滑动轴的固定，滑动轴的一端设置在外套筒内，另一端设置在外套筒的外侧，外套筒在延伸段的外壁上设置有沿周向均匀分布的若干支腿，支腿包括弧形套筒、调节柱和底板，夹持机构设置在滑动轴远离标盘的一端，夹持机构包括固定轴、水平连杆和竖直连杆。

标靶整体结构示意图如图 3.8 所示，标盘结构示意图如图 3.9 所示，外套筒结构示意图如图 3.10 所示，滑动轴结构示意图如图 3.11 所示，支腿结构示意图如图 3.12 所示，夹持机构结构示意图如图 3.13 所示，标盘、连接块Ⅰ、连接块Ⅱ的连接关系示意图如图 3.14 所示。

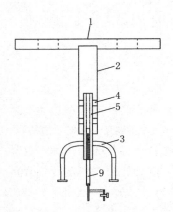

图 3.8　标靶整体结构示意图

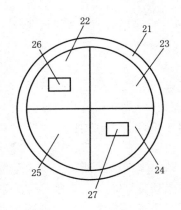

图 3.9　标盘结构示意图

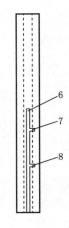

图 3.10　外套筒
结构示意图

图 3.11　滑动轴
结构示意图

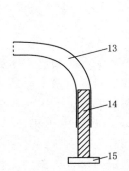

图 3.12　支腿结构示意图

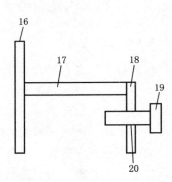

图 3.13　夹持机构结构示意图

图 3.8～图 3.14 中：1 为标盘，2 为支撑柱，3 为支腿，4 为轴承，5 为外套筒，6 为滑槽Ⅰ，7 为滑槽Ⅱ，8 为滑槽Ⅲ，9 为滑动轴，10 为挡块，11 为连接块Ⅰ，12 为连接块Ⅱ，13 为弧形套筒，14 为调节柱，15 为底板，16 为固定轴，17 为水平连杆，18 为竖直连杆，19 为固定螺母，20 为螺纹孔，21 为美工条，22 为白一区，23 为黑一区，24 为白二区，25 为黑二区，26 为警示标牌，27 为显示标牌。

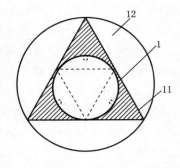

图 3.14　标盘、连接块Ⅰ、连接块Ⅱ的连接关系示意图

3.6.3.2 标靶布设的具体步骤

（1）在谷歌地图软件上圈定一个呈矩形的测区范围，将该测区范围地图导入 UX5 航测无人机专用配套软件中，并下载该测区范围的地图。

（2）在测区地图的外测绘制一个呈矩形框状的临界区块，并在临界区块的 4 个顶点处分别布设一个临界像控点，查询该测区范围的天气预报以获得外业工作时的风向和风速，并输入到无人机专用配套软件中，根据无人机上显示的续航情况，将测区范围的地图均匀划分为若干个矩形飞行区块，每一个飞行区块的长度为 a，宽度为 b，保证 a 与 b 之比不小于 1 且不大于 2。

（3）在每一个飞行区块内预设像控点。

1）在飞行区块的 4 个顶点和中心位置处分别布设一个采样像控点。

2）在位于飞行区块左半部分的区域内绘制一条斜率大于 $2a/b$ 的直线，并在直线两侧均匀布设若干个像控点。

3）在位于飞行区块右半部分的区域内绘制一条不规则的曲线并在曲线的两侧均匀布设若干个像控点。

（4）将预设的临界像控点和预设的像控点从电脑上导入至移动设备中，运用移动设备上的地图软件打开。

（5）外业人员通过地图软件寻找考察每一个预设的像控点。

（6）根据外业的实际情况，在预设的像控点附近寻找空旷、交通便利的地点铺靶标，并测取该点的坐标。

临界区块与飞行区块分布示意图如图 3.15 所示，飞行区块内的像控点分布示意图如图 3.16 所示。

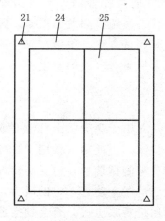

图 3.15　临界区块与飞行区块分布示意图

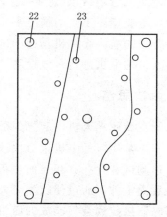

图 3.16　飞行区块内的像控点分布示意图

133

图 3.5～图 3.6 中：21 为临界像控点，22 为采样像控点，23 为精度像控点，24 为临界区块，25 为飞行区块。

使用这种分区域圆形可拆卸标靶，有效解决现有布设方法存在的问题，提高了航测的精度。该靶标 4 个扇形区域为黑白相间颜色，可以快速高效准确识别标靶中心点，提高布设效率和拼图效率；同时分别设置于两个白色区域上的项目信息、警示标志、可以防止非工作人员随意挪动标靶；该靶标可以拆卸拼装成不同形状，便于携带且能够在不同坡度的现场进行铺设，适应性强；由于在飞行区块的外侧设置了临界区块，并在临界区块的 4 个顶点处分别布设了临界像控点，可以防止出现采样像控点的照片不清晰、被人为挪动等原因导致点不可用的情况；每一个飞行区块内布置的多个像控点，又进一步确保了航测作业的精度。

3.7　马达测试装置及测试方法

3.7.1　问题阐述

固定翼无人机采用弹射起飞，经弹射架加速起飞后，螺旋桨高速旋转，提供动力。无人机起飞时可能因伺服器与传动杆间的摩擦过大、弹绳弹力不足、机械故障、人员操作失误等原因导致起飞失败，在弹射后坠机；也可能由于高速旋转的螺旋桨击打在地面或者其他物体上造成螺旋桨桨叶击断，甚至会导致电机的非正常停转，若不经过检验便进行下一次飞行，很可能会导致飞行事故，严重时会造成人员受伤、无人机损毁等重大损失；而且固定翼无人机在进行航测作业时飞行的区域较为广泛，尤其是在野外作业时，一旦出现突发状况，在缺少专业检测工具的情况下对电机的状态实施检测尤为重要。因此研究一种用于野外的航测无人机马达测试装置及其测试方法，便于在起飞前快速对固定翼无人机的电机进行有效检测，减少无人机飞行事故的发生。

3.7.2　解决思路

为了能在航测无人机因起飞失败坠机后，对由于螺旋桨击打地面或其他物体而导致非正常停转的电机进行快速有效的检测，可使用一种用于野外的航测无人机马达测试装置在其起飞前进行检测。这种测试装置，包括旋转杆、锥形套筒和机翼固定件；通过使航测无人机旋转，给予空速管一定的风力，使空速管内的感应器接收到空气造成的压力，从而通过观察电机是否会随空速的改变而改变转速，以此来判断电机是否完好，同时可检测电机是否因非正常停转受到损伤，避免无人机在飞行作业时因电机受损停转而导致坠机事故。

3.7.3 马达测试装置设计

用于野外的航测无人机马达测试装置，包括旋转杆、锥形套筒和机翼固定件，马达测试装置使用时的主视图如图 3.17 所示，马达测试装置收纳后的侧视图如图 3.18 所示，马达测试装置的俯视图如图 3.19 所示。

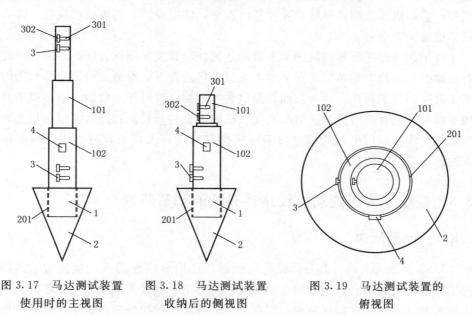

图 3.17　马达测试装置
使用时的主视图

图 3.18　马达测试装置
收纳后的侧视图

图 3.19　马达测试装置的
俯视图

图 3.17～图 3.19 中：1 为旋转杆，2 为锥形套筒，3 为机翼固定件，4 为微型测速仪，101 为可伸缩连接杆，102 为不可伸缩连接杆，201 为圆柱孔，301 为环形弹性带，302 为固定桩。

连接杆下端插在锥形套筒中的圆柱孔内，机翼固定件包括两对环形弹性带和固定桩，均设置在旋转杆两端，固定桩为 T 字形。微型测速仪安装在不可伸缩连接杆上。

具体操作步骤如下。

（1）拆除航测无人机螺旋桨，按照手部提示进行飞行前的正常准备和检查工作：连接航测无人机手部的调制解调器及电池，完成手部与航测无人机 eBox 的对接，并关闭航测无人机有效荷载仓。

（2）盖住空速管，检查航测无人机的升降翼是否水平，运动是否平滑。

（3）取出马达测试装置，将锥形套筒的尖端插入地面，将航测无人机的两翼分别通过环形弹性带和固定桩固定在旋转杆的两个连接杆上，使两翼连线方向竖直向下朝向地面。

（4）取下空速管帽，拨动固定桩，使航测无人机以旋转杆为轴，快速旋转，提供更高的瞬时速度，给予空速管足够风力，使空速管内的感应器检测到空气造成的压力。

（5）在航测无人机旋转过程中观察电机是否能正常工作：根据微型测速仪显示的旋转速度，若发现电机会随旋转杆转动速度的改变而改变转速，则电机完好；若电机不论旋转杆转动速度如何改变，依旧停转，则电机已烧毁，需要返厂维修或者更换。

使用这种用于野外的航测无人机马达测试装置及其测试方法，一方面可在野外缺少专用检测设备的情况下对无人机电机进行有效检测，检测电机是否因非正常停转受到损伤；另一方面该测试装置的旋转杆可伸缩收纳，结构简单且便于携带，适合在野外快速对航测无人机的电机进行检测；同时可以避免无人机在飞行作业时因电机受损停转而坠机所带来的巨大损失，减少飞行事故的发生。

3.8　减缓无人机连动杆铰接件异响的调节装置

3.8.1　问题阐述

UX5 航测无人机，其升降舵与伺服器之间由金属连动杆铰接连接，连动杆未安装在机壳内，而是暴露在空气中；这种类型的无人机在冬季作业时，由于室外温度过低，连动杆分别与伺服器、升降舵的铰接处遇冷收缩导致摩擦增大，在工作时发出异响，甚至出现卡顿的现象，导致无人机无法正常起飞。因此需要一种用于减缓无人机连动杆铰接件异响的调节装置，使得升降舵平稳运行，保证无人机的正常起飞，避免发生飞行事故。

3.8.2　解决方案

为了防止在连动杆与伺服器及升降舵的铰接处由于温度过低遇冷收缩产生较大摩擦力，产生异响，或出现卡顿现象，可使用一种用于减缓无人机连动杆铰接件异响的调节装置，在飞行作业前提前进行检测和调节，避免意外发生。这种调节装置，可提前检测无人机连接杆是否有异响并调节其铰接件直至异响消失。当设置于调节装置上的声音探测器探测到异响声波时，声音探测器将指令传达给手持电脑，控制伸缩气缸的伸缩杆伸出带动摇杆架移动，从而带动螺帽逆时针拧动，使得螺帽松动，保证连动杆在铰接件内有足够的空间活动，直至声音探测器探测到异响消失且观察到连动杆未出现明显晃动，则调节完成，方可正常进行无人机外业航测作业。

3.8.3 铰接链缓冲装置设计

这种用于减缓无人机连动杆铰接件异响的调节装置，包括摇杆架、摇动环、支杆、伸缩气缸、阻挡环、声音探测器。整体结构示意图如图 3.20 所示，螺杆结构示意图如图 3.21 所示，调节装置结构示意图如图 3.22 所示。

连动杆两端通过铰接件与无人机的升降舵、伺服器连接，位于无人机机壳的外部，铰接件与连动杆通过螺杆连接，螺帽套设在螺杆上，其外设有环形凹槽；摇动环与向下倾斜设置的支杆相连接，伸缩气缸水平设置在支杆左侧，其活塞杆与支杆外壁滑动连接，声音探测器设置于铰接件上，伸缩气缸和声音探测器均由无人机配套的手持电脑控制。

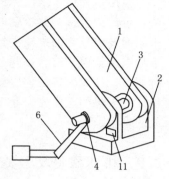

图 3.20　整体结构示意图

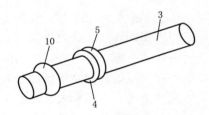

图 3.21　螺杆结构示意图

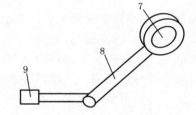

图 3.22　调节装置结构示意图

图 3.20～图 3.22 中：1 为连动杆，2 为铰接件，3 为螺杆，4 为螺帽，5 为环形凹槽，6 为摇杆架，7 为摇动环，8 为支杆，9 为伸缩气缸，10 为阻挡环，11 为声音探测器。

3.8.4 调节装置操作步骤

（1）在室外温度条件下，将无人机放在干净台面上或者无人机机箱内。

（2）打开无人机电源，将无人机与配套的手持电脑连接，按正常操作步骤进行飞行前的检测和准备，直至检测伺服器运行状况一项，观察升降舵的运动是否平滑，并检测铰接件与连动杆连接处是否有异响。

（3）当声音探测器检测到螺帽与铰接件连接处由于遇冷收缩导致传动不畅而发出异响的声波时，声音探测器将指令传达给手持电脑，操作手持电脑控制伸缩气缸的伸缩杆伸出，并带动摇杆架移动，从而带动螺帽逆时针拧动，使得螺帽松动，保证连动杆在铰接件内有足够的空间活动。

（4）当声音探测器探测到异响消失且观察到连动杆未出现明显晃动时，操作手持电脑控制关闭伸缩气缸。

（5）退出检测系统，断开无人机电源，转动连动杆，将升降舵调节至水平。

使用这种用于减缓无人机连动杆铰接件异响的检测调节装置及其调节方法，可使声音探测器探测的声波和螺帽与铰接件连接处由于遇冷收缩导致传动不畅而发出异响的声波一致，能有效避免声音探测器探测到其他异响而传达给手持电脑错误的信号，并进行正确检测，同时通过调节装置对连动杆铰接件进行调节，使无人机的伺服器在低温条件下也能够正常带动升降舵平滑运行，并保证无人机的正常安全起飞，有效减少了因连动杆铰接件异响而导致的飞行事故的发生。

3.9　机翼修复架及修复方式

3.9.1　问题阐述

天宝 UX5 固定机翼无人机降落时采用硬着陆的方式，即无人机会在空中控制螺旋桨反转实行减速，在降至一定速度后，俯冲着陆。一般来讲，这种无人机的最佳降落地点为翻耕过的农田，较为松软的土地、草地等，但通常遇到的地形地势条件较为复杂，难以寻找平坦空旷且相对柔软的降落场地，无人机只能在复杂地形着陆；尤其是在冬季气温较低的情况下，机翼会变得脆弱且易受损，一旦磕碰凹凸不平的地面、撞击田埂、茎叶坚韧的植被等硬物，着陆瞬间产生的巨大冲击可能会导致机翼损伤甚至断裂，进而导致无人机无法正常起飞。

3.9.2　解决思路

为了使天宝 UX5 固定机翼无人机在因被迫撞击硬物而造成机翼损伤后还能继续使用，可用一种航测无人机机翼修复架及修复方法：通过修复平台和升降装置的设置，在升降装置的支撑条件下，使有损机翼保持稳固，再利用纤维胶带的粘贴性能，将损裂部分进行拼合，确保无细微裂痕后粘贴压紧，对已经损伤有裂缝的固定翼无人机机翼进行修复，保证此无人机可再次正常安全使用。

3.9.3　机翼修复架装置设计

这种用于修复固定翼航测无人机损裂机翼的修复架，包括用于放置无人机的修复平台和设置于修复平台上的两个升降装置；修复平台沿水平方向设置，无人机机身可放入修复平台的凹槽中，凹槽内设有防止无人机机身与修复架碰撞产生二次损伤的缓冲垫；两个升降装置分别设置于修复平台的两侧，升降装置包括升降柱和升降板，3 个升降柱均为手动调节的螺栓升降柱，包括调节杆和调节筒，垂直设置于修复平台的一侧；升降板有内板和外板。修复架结构示意图如图 3.23 所示、螺栓升降柱结构示意图如图 3.24 所示。

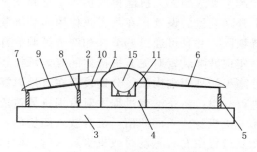

图 3.23　修复架结构示意图

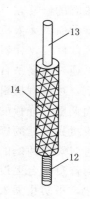

图 3.24　螺栓升降柱
结构示意图

图 3.23、图 3.24 中：1 为无人机，2 为有损机翼，3 为修复平台，4 为凹槽，5 为第一升降柱，6 为第一升降板，7 为第二升降柱，8 为第三升降柱，9 为外板，10 为内板，11 为缓冲垫，12 为第一调节杆，13 为第二调节杆，14 为调节筒，15 为机身。

3.9.4　机翼修复方法操作步骤

（1）在室内温度条件下，将机翼受损的无人机放置在修复架上，将无人机机身放置于修复平台上的凹槽内，并使无人机机翼分别位于两个升降装置上方，且位于第二升降装置上方的为需要修复的有损机翼。

（2）手动转动第一升降柱的调节筒，使第一升降柱升高，并带动第一升降板的一端提升，当第一升降板接触到不需要修复的无人机机翼时，停止转动第一升降柱的调节筒；转动第二升降柱和第三升降柱的调节筒，使外板和内板与需要修复的有损机翼相接触。

（3）用柔软的毛刷清理机翼表面的泥土和灰尘，将有损机翼的裂口中夹藏的石子等颗粒硬物取出，并用塑胶吹气球吹出当中的尘土，再将毛巾过水拧干后擦净机翼表面。

（4）再次转动第二升降柱和第三升降柱的调节筒，调节内板和外板的位置，使设置于无人机机身两侧的第二升降板和第一升降板呈对称设置，与第一升降板和第二升降板相接触的机身两侧的机翼也呈对称设置，并保证第二升降板上的有损机翼裂口处合拢。

（5）沿有损机翼的裂口方向均匀粘贴纤维胶带，并压紧。

（6）沿垂直于裂口的方向均匀分布粘贴数条纤维胶带，长度需超过胶带宽度 5～10cm，覆在步骤（5）中粘贴的胶带上方，压紧胶带，使其充分粘贴，完成有损机翼的修复。

使用这种航测无人机机翼修复架及修复方法，可快速高效地实现对固定翼无人机机翼的修复，让机翼受损产生裂缝的无人机能再次正常安全起飞，执行飞行作业。通过修复平台和两个升降装置的设置，在其支撑作用和纤维胶带的粘贴作用下，可使有损机翼保持稳固，并且可通过调节杆和调节筒调节升降柱高度，进而调整升降板的角度，实现升降装置对无人机机翼的有效承托，便于实现无人机机翼裂缝的修复；升降板的外板和内板，分别设置在有损机翼裂口的两侧，可对裂口两侧的机翼进行支撑，防止清理过程中对有损机翼造成二次损伤；同时修复平台上设有供无人机机身放入的凹槽，机身放入凹槽内，其内设有缓冲垫，可防止无人机在修复过程中左右晃动时或机身放入时，凹槽对无人机机身的碰撞；用于修复粘贴的纤维胶带，与液体强力胶相比，是不会腐蚀机翼的泡沫材料，可避免无人机因腐蚀造成永久损伤。

3.10　升降舵开裂修复架及修复方法

3.10.1　问题阐述

天宝 UX5 固定机翼无人机降落时采用硬着陆的方式，即无人机会在空中控制螺旋桨反转实行减速，在降至一定速度后，俯冲着陆。一般来讲，这种无人机的最佳降落地点为翻耕过的农田，较为松软的土地、草地等，但通常遇到的地形地势条件较为复杂，难以寻找平坦空旷且相对柔软的降落场地，无人机只能在复杂地形着陆；尤其是在冬季气温较低的情况下，机翼会变得脆弱且易受损，一旦磕碰凹凸不平的地面、撞击田埂、茎叶坚韧的植被等硬物，着陆瞬间产生的巨大冲击可能会导致升降舵开裂，进而导致无人机无法正常起飞。

3.10.2　解决思路

为了使天宝 UX5 固定翼无人机在因被迫撞击硬物而造成升降舵开裂后还可继续使用，可使用一种航测无人机升降舵修复装置及修复方法：通过旋转架和夹持架的设置，在夹持架的支撑条件下，使开裂的无人机升降舵保持稳固，再使用具有粘贴作用的纤维胶带，将开裂处拼合，确保无细微裂痕后粘贴压紧，对开裂的无人机升降舵进行修复，让受损的无人机能正常安全起飞，执行飞行作业。

3.10.3 升降舵修复装置设计

这种用于修复固定翼航测无人机开裂升降舵的修复装置，包括设置于修复平台之上可带动无人机旋转一定角度的旋转架和夹持开裂升降舵的夹持架，修复平台沿水平方向设置；旋转架包括旋转框体和旋转块，旋转框体包括旋转圆环和两侧的支撑架，旋转块包括调节杆和对称设置的两个支撑块，调节杆垂直于支撑块的中心轴线，其远离调节杆的端面预留了供旋转圆环嵌入的圆弧通道；支持架包括支撑杆和夹板，支撑杆的一端固定于修复平台上，另一端连接于夹板。

修复装置结构示意图如图 3.25 所示，修复装置俯视图如图 3.26 所示，支撑块结构示意图如图 3.27 所示，调节杆结构示意图如图 3.28 所示。

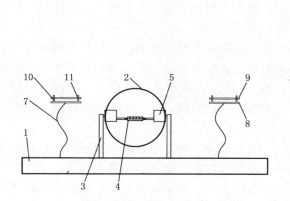

图 3.25　修复装置结构示意图

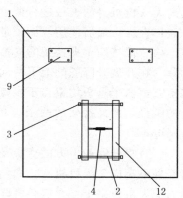

图 3.26　修复装置俯视图

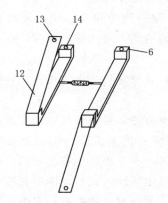

图 3.27　支撑块结构示意图

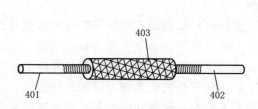

图 3.28　调节杆结构示意图

图 3.25～图 3.28 中：1 为修复平台，2 为旋转圆环，3 为支撑架，4 为调节杆，5 为支撑块，6 为圆弧通道，7 为支撑杆，8 为第一夹板，9 为第二夹板，10 为固定螺柱，11 为螺母，12 为固定板，13 为通孔，14 为螺栓孔，401 为第一调节杆，402 为第二调节杆，403 为调节筒。

3.10.4　升降舵修复方法操作步骤

（1）将需要修复的无人机放置于旋转架上，分别固定无人机的两个机翼于旋转架上两个支撑块的凹槽内，且保证两个支撑块处于同一水平面上，将无人机机尾的升降舵穿过旋转框体的旋转圆环。

（2）清理无人机表面，并用毛刷清理升降舵裂口处夹藏的泥土和灰尘。

（3）在开裂的升降舵裂口两侧分别设置夹持架，裂口两侧的升降舵分别夹持于两个夹持架的夹板之间，在裂口断面处均匀粘贴双面胶带，粘贴完毕后对远离无人机机身的夹板进行调整，使两组夹板处于同一水平面上，并带动升降舵裂口合拢，最后使用双面胶带进行黏合。

（4）保持两个夹持架的支撑杆和第一夹板不动，将第二夹板从升降舵表面拆除，在开裂升降舵的上下两面加装两个直板后将第二夹板分别安装于升降舵的上方，两个直板均覆盖于步骤（3）中黏合后的升降舵裂口上，加固夹持架上的螺母，使夹持架的两个夹板分别带动两个直板压向升降舵的方向，保持 2～5min。

（5）将升降舵上方的直板及第二夹板移除，剪取胶带，沿着裂口方向，从升降舵末端向无人机机头方向粘贴并覆盖裂口，胶带超过升降舵 4～5cm 并粘贴与无人机机壳上；之后将升降舵下方的直板、第一夹板和支撑杆移除，转动调节杆上的调节筒，调节杆带动两端的两个支撑块间的距离缩小，旋转圆环与支撑块上的圆弧通道间的距离增大，调节旋转块带动支撑块上的无人机发生转动，旋转 180°后停止转动，再次转动调节筒，调节筒带动支撑块向旋转圆环方向移动，至旋转圆环固定在支撑块上的圆弧通道内，再次剪取胶带，在升降舵的背面粘贴并覆盖裂口。

（6）将支撑块上的螺栓移除，打开固定板，将修复后的无人机从旋转架上移出。

使用这种航测无人机升降舵修复装置及修复方法，可快速高效地实现固定翼无人机升降舵的修复，让升降舵受损产生裂缝的无人机能再次正常安全起飞，执行飞行作业。通过旋转架和夹持架的设置，在支撑作用和胶带的粘贴作用下，可使开裂的无人机升降舵保持稳固，并且支撑块可以带动固定在支撑块上的无人机在旋转圆环的内部进行角度的调整，方便对升降舵进行多角度的修复；设置的两组夹持架，可分别对裂口两侧的升降舵进行支撑和夹持，防止修复过程中对开裂的升降舵造成二次损伤；同时夹持架采用鹅颈管支撑杆和可拆分夹板，可以实现对夹板的多角度调节，对开裂升降舵的夹持和移出，有助于修复工作；用于修复粘贴的纤维胶带，不会腐蚀机翼，可避免无人机因腐蚀造成永久损伤。

3.11　用于寻找航测无人机的定位装置

3.11.1　问题阐述

　　无人机进行外业作业时会遇到地形复杂的山林或者高层建筑密集，存在信号干扰，无人机与控制端的通信天线不能实时对准并建立连接，对无人机的定位造成影响，出现无人机失联的情况，对无人机回收工作极为不利，甚至导致无人机丢失，给航测工作带来巨大的经济损失。

3.11.2　解决思路

　　为了避免复杂情况下无人机与控制端失联后丢失，可使用一种便于寻找航测无人机的定位装置，实现对航测无人机实时位置的定位追踪，保证在无人机出现特殊情况时能第一时间到达，及时抢救无人机和所获数据，减少损失。

3.11.3　定位装置设计

　　该定位装置设置在无人机荷载仓内，包括放置框、盖板、可充电电池、定位模块和信号传输模块。荷载仓结构示意图如图 3.29 所示，荷载仓 T 形槽俯视图如图 3.30 所示，荷载仓 T 形槽剖视图如图 3.31 所示，放置框结构示意图如图 3.32 所示，提手竖杆结构示意图如图 3.33 所示，提手横杆结构示意图如图 3.34 所示。

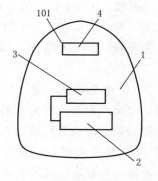

图 3.29　荷载仓结构示意图

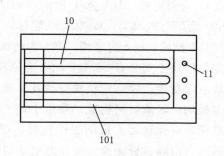

图 3.30　荷载仓 T 形槽俯视图

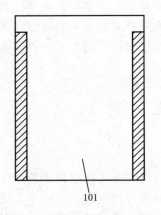

图 3.31　荷载仓 T 形槽剖视图

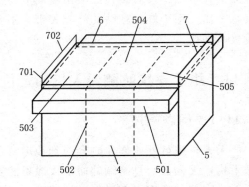

图 3.32　放置框结构示意图

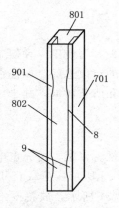

图 3.33　提手竖杆结构示意图

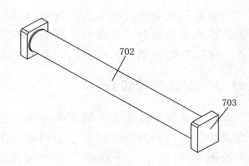

图 3.34　提手横杆结构示意图

图 3.29～图 3.34 中：1 为荷载仓，2 为电池模块，3 为摄像模块，4 为定位装置，5 为放置框，6 为盖板，7 为提手，8 为开槽，9 为卡位机构，10 为弹力带，11 为固定桩，101 为 T 形槽，501 为凸棱，502 为隔板，503 为第一腔体，504 为第二腔体，505 为第三腔体，701 为竖杆，702 为横杆，703 为挡块，801 为横槽，802 为竖槽，901 为凸弧。

定位模块上安装有 SIM 卡，将定位模块与手机建立联系，通过短信向定位模块发送指令，使定位模块反馈其位置信息，盖板设置在放置框上端，放置框和盖板均由轻质材料构成，质量小，不会使得加装定位装置后的无人机超过有效载荷，可保证无人机的工作性能。荷载仓内设有 T 形槽，放置框设置在 T 形槽内，由隔板分为放置可充电电池的第一腔体、放置定位模块的第二腔体和放置信号传输模块的第三腔体，可充电电池、定位模块和信号传输模块之间电性连接。放置框一组对边上设有凸棱，另一组对边设有提手，提手包括两个竖杆和横杆，两个竖杆对称设置在两个凸棱的同一端，竖杆内侧设有开槽，开槽上、下端分别设有卡位机构，包括对称设置在开槽内侧的两个凸弧，横杆两端设置在开槽内可上下滑动，T 形槽上端外侧对称设有弹力带和固定桩，弹力带穿过提手挂设在固定桩上，将定位装置固定在 T 槽内。

3.11.4　定位装置安装

（1）选择具有支持常规 2G/3G 网络频率 GSM 网络信号、终端 SIM 卡开通来电显示、终端 SIM 卡开通 GPRS 功能、终端 SIM 卡 PIN 码关闭功能的 SIM 卡。

（2）为定位模块安装 SIM 卡，用手机拨打定位模块中的 SIM 卡号，在拨打连通且收到"中心号码设置成功"信息后，可挂断电话，此时手机与定位模块建立联系，设置 GPRS 传输定位数据间隔时间，用手机编辑信息发送 GPRS 定时设置指令。

（3）调试定位装置工作是否正常，手机发送信息"ur1"或"123"至终端设备 SIM 卡，终端设备以短信的形式回复最后一次定位的网络链接的位置信息，通过点击网址链接查看位置及地图图片位置，还可进入地图中查看实时位置。

（4）将调试好的定位装置安装在 T 形槽内，为无人机安装电池模块，摄像模块，并设置参数，安装弹射架，进行飞行前检查并试飞、测试定位装置，在飞行过程中观察无人机飞行姿态是否异常，同时用已与定位装置建立联系的手机向定位装置发送指令信息，获取位置网络链接，进入链接查看，与已知位置进行对比，获取精准定位。

（5）若定位异常，通过终端重启功能，使终端恢复正常工作，用手机向定位装置发送指令信息，终端重启设置指令"reset♯"，当终端收到该指令时，立刻重启终端，若终端重启设置成功，则回复"重启成功"信息，调试完成后即可正常进行无人机飞行工作。

该定位装置安装方便，操作简单，体积小，减了少对无人机结构的改动，盖板和放置框均由轻质材料制成，质量小，不会使得加装定位器后的无人机超过有效荷载，盖板使定位装置具备防冲撞、防水等性能，在保证无人机原有性能不会下降的前提下，又具备了定位功能，确保了无人机的飞行安全和测绘数据安全，也避免了无人机丢失造成的经济损失。

3.12　发射架定向装置

3.12.1　问题阐述

航测无人机在飞行作业前需要根据实际情况进行风向的设计和校核，从而确定合适的起飞方向，避免意外发生，但目前无人机发射架上并没有专门确定方向的装置，所以在进行确定方向时会产生较大误差，给无人机飞行作业带来不便。

3.12.2　解决方案

为了避免无人机飞行作业时方向因风发生偏离导致意外发生，可使用一种针对 UX5 无人机发射架而设计的定向装置，精准地确定航测无人机发射架的方向，提高航测无人机飞行作业的精确度。

3.12.3　发射架定向装置设计

该发射架定向装置，包括指南球和基座。定向装置结构示意图如图 3.35 所示，固定卡结构示意图如图 3.36 所示，移动基座结构示意图如图 3.37 所示，固定基座结构示意图如图 3.38 所示。

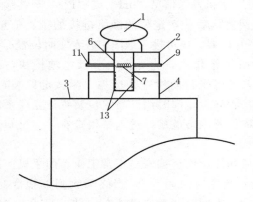 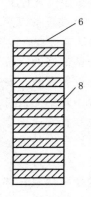

图 3.35　定向装置结构示意图　　　　图 3.36　固定卡结构示意图

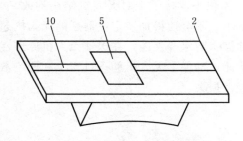 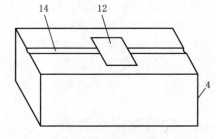

图 3.37　移动基座结构示意图　　　　图 3.38　固定基座结构示意图

图 3.35～图 3.38 中：1 为指南球，2 为移动基座，3 为发射架，4 为固定基座，5 为凹槽，6 为固定卡，7 为弹簧，8 为横向镂空槽，9 为按压块；10 为

滑槽，11 为限位块，12 为固定槽，13 为横向阻隔条，14 为定位槽。

指南球球面用钢化玻璃制成，底面为光滑面，形状为扁平状，基座分为固设在指南球上的移动基座和固设在发射架前端的固定基座，移动基座为凸字形基座，固定基座为矩形基座，指南球与移动基座之间使用环氧树脂系胶黏结固定。移动基座底面开设凹槽，凹槽内平行设置两个采用弹性树脂制成的固定卡，之间通过弹簧连接，每个固定卡上分别设置有多个横向镂空槽，外侧连接有按压块，按压块可沿移动基座底面上的滑槽方向任意滑动，按压块远离固定卡的一端设置有限位块，固定基座上开设有与固定卡相对应的固定槽，内壁上设置有多条横向阻隔条，使固定卡嵌入固定槽时横向阻隔条卡进横向镂空槽内，防止固定卡滑出。

该定向装置两个固定卡之间使用弹簧连接，按压按压块可控制固定卡之间的距离，当需要将固定卡嵌入固定槽时，可按压按压块实现固定卡的进入，进入固定槽后，松开按压块，固定卡恢复原状并通过横向阻隔条与固定基座牢牢连接，使用时将定向装置固定在发射架前端，确定好方向后可以取下，以便下次使用，方便安装拆卸；此外，该装置体积小携带方便，结构简单易操作，固定性好，使用后可精准确定航测无人机发射架的方向，提高航测无人机的飞行作业的准确性。

3.13 系留无人机的电磁防护装置

3.13.1 问题阐述

系留无人机工作时需要通过地面电源将 220V 交流电转换为高压后通过电缆传输到机载电源，再转换为飞行器及任务荷载的供电电源，驱动无人机在空中实现各种操作，但是，由电磁学原理可知，由于将电压大幅度升高，所以在电能传输的过程中会产生很强的电磁场，这种电磁场中的电磁波会严重影响飞行的无人机接收地面工作站发出的飞控信号，从而导致无人机控制不灵敏，无法完成预定任务，对其安全性能产生一定威胁，影响系留无人机的工作效率。

3.13.2 解决方案

为了解决系留无人机工作时由于电磁场干扰而产生的问题，使其能够安全稳定地执行飞行作业任务，可使用一种专门针对系留无人机设计的电磁防护装置，检测并降低电磁场的强度，减小电磁波对系留无人机飞控信号的干扰。

3.13.3 电磁防护装置设计

该电磁防护装置，包括单片机、防护罩、电枢控制直流电动机、交变电路、电磁波检测器、测速器、自动控制升降仪、接收器、系留装置、蓄电池、电源。电磁防护装置结构示意图如图 3.39 所示，系留装置结构示意图如图 3.40 所示，电磁波检测器结构示意图如图 3.41 所示，电性连接部分原理框图如图 3.42 所示。

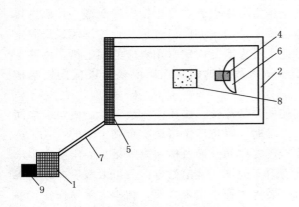

图 3.39　电磁防护装置结构示意图

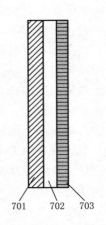

图 3.40　系留装置结构示意图

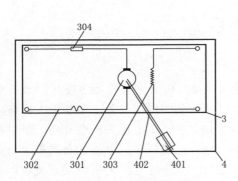

图 3.41　电磁波检测器结构示意图

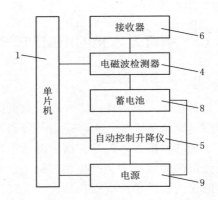

图 3.42　电性连接部分原理框图

图 3.39～图 3.42 中：1 为单片机，2 为防护罩，3 为电枢控制直流电动机，4 为电磁波检测器，5 为自动控制升降仪，6 为接收器，7 为系留装置，8 为蓄电池，9 为电源，301 为电动机，302 为交变电路，303 为电感线圈，304 为电阻，401 为测速器，402 为转轴，701 为缆绳，702 为光纤，703 为导线。

单片机和电源均固定连接在地面装置上，单片机用于控制无人机的飞行和自动控制升降仪工作，左侧连接电源同时为无人机和防护装置提供电能，右侧连接系留装置,用于传输信号、电流和控制无人机的降落飞行,包括缆绳、光纤和导线,缆绳用于系留无人机,光纤用于传输信号,导线用于传送电能,外部均包裹有绝缘包皮和保护皮,用于保证系留装置的安全性,系留装置另一端通过自动控制升降仪连接无人机主体,用于存储电能的蓄电池连接于无人机主体内部,无人机主体外侧设有防护罩,自动控制升降仪可控制防护罩的升起和降落,从而隔绝电磁波的干扰,电磁波检测器与无人机主体外侧相连,用于检测无人机周围电磁场中电磁波的强弱,右侧连接接收器用于接收信号,内部连接电枢控制直流电动机,电枢控制直流电动机内部连接交变电路,用于检测外界电磁场的变化,交变电路内部连接有电阻、电感线圈、电动机,电动机可带动与其相连的转轴,转轴另一端连接测速器,用于检测转轴的转速。测速器和自动升降仪均与单片机及蓄电池电性连接,单片机和蓄电池与电源电性连接,接收器与电磁波检测器电性连接。

3.13.4 电磁防护装置工作原理

(1)打开电源,通过单片机控制系留无人机的飞行,通过接收器接收周围信号,并将接收的信号传递给电磁波检测器。

(2)电枢控制直流电动机与无人机主体连接检测外界电磁波,电枢控制直流电动机通过交变电路引起电磁从而带动转轴转动,与转轴连接的测速器可检测转轴的转速,通过转速的变化可检测出高频电磁波,然后通过电磁波检测器检测出无人机周围的电磁场变化。

(3)电磁波检测器检测的信号通过系留装置传输给单片机,若发现高频磁场,可通过单片机控制自动控制升降仪从而控制防护罩隔绝外界电磁波。

(4)通过系留装置可将无人机收回。

该系留无人机的电磁防护装置中的单片机与地面装置连接可便捷地控制整个装置的运行,通过电磁波检测器检测外界电磁场的变化,再利用自动升降仪控制防护罩的升起和降落,从而有效隔绝外界电磁场影响,实现减小电磁场干扰的目的,保证系留无人机安全稳定地进行工作。

3.14 无人机抛伞装置

3.14.1 问题阐述

传统的无人机缺少安全防护措施,在进行航摄任务时,一旦遭遇突发情况可能会被迫降落,导致使用寿命短、易损坏等问题。因此需要一种无人机抛伞装置,对无人机进行安全防护,保证无人机使用寿命更长且不易损坏。

3.14.2　解决方案

为了确保无人机安全降落免受损坏，可使用一种结构简单易操作的无人机抛伞装置增加对无人机的安全防护。该抛伞装置中的降落伞可在无人机降落时起到缓冲作用，避免无人机因降落速度过快碰撞地面而损毁，增加了无人机的使用寿命，无人机降落到一定高度时，抛伞装置会将无人机与降落伞分离，避免降落伞拖拽无人机造成损伤。

3.14.3　无人机抛伞装置设计

该无人机抛伞装置包括外壳、壳盖、保护套、伸缩刀片、高度检测器、控制器、隔板、电机、弹跳器、环形连接器、伞绳销、调节器、支撑底座；抛伞装置结构示意图如图 3.43 所示，壳盖俯视图如图 3.44 所示，抛伞装置原理框图如图 3.45 所示。

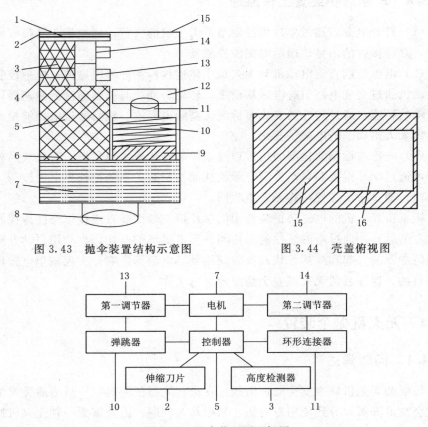

图 3.43　抛伞装置结构示意图　　　图 3.44　壳盖俯视图

图 3.45　抛伞装置原理框图

图 3.43～图 3.45 中：1 为保护套，2 为伸缩刀片，3 为高度检测器，4 为外壳，5 为控制器，6 为隔板，7 为电机，8 为柱体卡扣，9 为支撑底座，10 为弹跳器，11 为环形连接器，12 为伞绳销，13 为第一调节器，14 为第二调节器，15 为壳盖，16 为方形孔。

外壳用于支撑整个抛伞装置，下方固定连接柱体卡扣，用于连接抛伞装置与无人机，上方连接壳盖，保护其内的相关设备，壳盖上开设有方形孔，用于将伞绳销从此处放出打开抛伞装置，外壳内部左上方连接有保护套，保护设置于其内的伸缩刀片，伸缩刀片用于切断伞绳销与抛伞装置的联系，外壳内底部连接电机，为整个装置提供动力支持，电机上方连接的隔板起到保护电机的作用，隔板左上方连接有控制器，可控制整个抛伞装置作业，控制器左上方连接的高度检测器用于检测无人机距地高度，控制器右上方连接的两个调节器，分别起到调节弹跳器弹跳时间和伞绳销转动速度及调节环形连接器转动速度的作用，隔板右上方连接有支撑底座，为安装其上的弹跳器提供支撑，弹跳器用于将安装其上的伞绳销通过方形孔，弹跳器上方连接的环形连接器用于控制伞绳销是否与抛伞装置分离，环形连接器上方连接的伞绳销用于连接降落伞与抛伞装置。伸缩刀片、高度检测器、弹跳器及环形连接器均与控制器电性连接，两个调节器及控制器与电机电性连接，第一调节器电性连接弹跳器，第二调节器电性连接环形连接器。

3.14.4 抛伞装置工作原理

（1）柱体卡扣将抛伞装置固定在无人机上，将降落伞与伞绳销连接固定在环形连接器上。

（2）通过调节第一调节器调节弹跳器的弹跳时间和伞绳销的转动速度，确定在规定的时间通过弹跳器的弹跳和伞绳销的转动角度与方形孔平行，将伞绳销弹跳出方形孔，使降落伞在外力作用下打开，通过调节第二调节器调节环形连接器的转动速度，确定在无人机降落时，环形连接器转动的角度使伞绳销与环形连接器脱离。

（3）当抛伞装置出现异常时，通过高度检测器检测无人机距地高度，将信息反馈给控制器，通过控制器控制弹跳器、伞绳销和伸缩刀片工作，在无人机将要降落时，使用伸缩刀片将伞绳销与抛伞装置分离。

该抛伞装置中的第一调节器可控制弹跳器的弹跳时间及伞绳销的转动速度，从而确定抛伞装置的投抛时间，确保在规定时间打开降落伞，对无人机进行安全保护；第二调节器可控制环形连接器的转动速度，确定降落伞与无人机脱离的时间，避免降落伞对无人机拖拽产生损坏；若上述方法未有效实施，可根据高度检测器的检测确定无人机的实时高度，当达到危险数值时，将数据传给控制器，控制器通过控制弹跳器和伞绳销，使抛伞装置正常运行，进而控制伸缩刀片在无人机降落前将降落与无人机分离，起到了双重保护的作用。在该抛伞装置的保护之下，无人机降落更加安全，又不会因未及时断开降落伞而对无人机拖拽造成损伤，使无人机使用寿命更长且不易损坏。

3.15　保护涂层及喷涂装置

3.15.1　问题阐述

航测无人机使用时面临的环境比较复杂，通常选用滑降、伞降、垂直降落等方式进行回收，其中采用垂直降落方式的无人机一般能准确飞到预定降落点，而采用滑降方式的无人机其降落位置偏差较大，在降落过程中难免出现因撞击造成损坏的情况，如 UX5 航测无人机，采用翼身融合的飞翼式布局，机身材料为轻质的泡沫材料，起降方式为弹射起飞，滑跑降落，由于没有起落架，滑跑降落完全依靠机体与地面的摩擦，这种滑降方式虽然不会对无人机结构造成较大损伤，但却对无人机的机身，尤其是机腹位置，磨损较为严重，影响无人机使用寿命。传统的解决方式是为无人机机身贴上一层十字网状玻璃纤维胶带保护无人机的机体，缺点明显且十分麻烦，多次使用后就必须更换，经济性及适用性差。

3.15.2　解决思路

为了修复无人机降落时因碰撞产生的磨损，延长无人机的使用寿命，可使用一种专用于航测无人机的保护涂层和喷涂装置，将保护涂层涂覆至无人机机腹，加强无人机机体的强度、耐磨性和抗冲击性等性能，为无人机提供保护。

3.15.3　机身保护材料设计

该保护涂层包括涂覆于机腹的聚氨酯和聚脲弹性体涂料，聚氨酯和聚脲弹性体涂料型号为 XS-350，是一种可快速变干（表面变干时间仅需 22s）的多用途涂料，在泡沫材料上具有极好的黏附性，可垂直喷涂，不会向下流动，没有剩余溶剂，不会产生空气污染物或有害环境的污染。它为无人机提供了优良的耐冲击性和卓越的拉伸强度（高达 6600 磅），具有优良的抗磨损性，可延长无人机的预期寿命。由于无人机有效载荷多用于承载机载设备，不能增加太多额外重量，且无人机机腹磨损严重，因此该保护涂层一般喷涂在无人机的机腹位置，同时也可喷涂机翼等其他位置。保护涂层喷涂厚度不可太薄，应满足所需保护涂层的特性；也不可太厚，虽然满足保护涂层的性能要求，但易使无人机重量超出其有效载荷，不能满足飞行重量的要求，因此在保证无人机所需性能的前提下，保护涂层的喷涂厚度应为 0.5～1.5mm，优选为 0.5mm，既可保证良好的耐磨性能，又不超重。

喷涂装置结构示意图如图 3.46 所示，喷管结构示意图如图 3.47 所示，保护涂层喷涂范围示意图如图 3.48 所示。

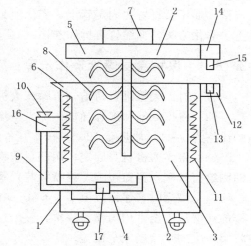

图 3.46　喷涂装置结构示意图

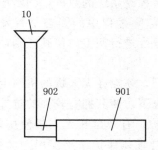

图 3.47　喷管结构示意图

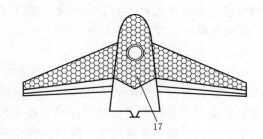

图 3.48　保护涂层喷涂范围示意图

图 3.46～图 3.48 中：1 为涂料混合筒体，2 为隔离板，3 为混匀腔，4 为引流腔，5 为盖体，6 为尖嘴，7 为电机，8 为搅拌叶，9 为喷管，10 为雾化喷头，11 为加热丝，12 为固定台，13 为凹槽，14 为支撑台，15 为凸柱，16 为放置台，17 为保护涂层，901 为固定管，902 为伸缩管。

该喷涂装置中，涂料混合筒体与尖嘴相对的侧壁顶部设有固定台，端面上设有凹槽，盖体一侧边沿处设有与固定台对应的支撑台，其底部垂直设置有与凹槽对应的凸柱。涂料混合筒体外壁设有放置台，内部由水平设置的隔离板分为混匀腔和引流腔，盖体扣合在混匀腔顶端，混匀腔顶部边沿设置有尖嘴，盖体顶部设有电机，电机转轴贯穿盖体位于混匀腔内，转轴侧壁上均匀设有若干个搅拌叶，搅拌叶上均匀设有若干个通孔，混匀腔内壁为空腔结构，内壁设有加热丝，底部连接有喷管，包括固定管和伸缩管，固定管一端位于引流腔内部且与出料口连接，另一端穿过引流腔外壁，伸缩管与穿过引流腔外壁的固定管连接，加压泵设置在固定管上，雾化喷头连接在伸缩管顶部且可悬挂在放置台上，雾化喷头与伸缩管可拆卸连接。

3.15.4　保护涂层喷涂操作步骤

（1）对无人机进行清洁，清除无人机机翼、机腹部位的泥垢、杂质。

（2）将聚氨酯和聚脲弹性体加入至涂料混合筒体中，聚氨酯和聚脲弹性体的比例为 1:1，加热至 $120\sim140\text{℃}$，备用。

（3）将无人机机身固定，用塑料布将无人机上无需喷涂的部位（测绘设备的测绘窗口等）覆盖包裹，将喷涂装置垂直置于无人机机腹上方进行喷涂。

（4）喷涂时，保证以 $0.2\sim0.3\text{m/s}$ 的速度从左至右均匀喷涂，接着以同样的速度从上至下均匀喷涂一次，整个过程在 22s 内完成，且第二次喷涂时应将第一次的喷涂层完全覆盖。

（5）喷涂完成后，对无人机进行检测，检测无人机重心位置、重量增量等基础数据，校验完毕后，对喷涂过的无人机进行试飞测试，安装设备，进行飞行检查，放飞。观察无人机的飞行姿态以及飞行控制系统的数据，判断增加的保护涂层是否对无人机飞行造成影响，尤其是起降过程中的姿态是否发生变化。若有影响，对保护涂层喷涂面积、位置、厚度进行调整，使其达到最优使用效果。

该保护涂层为聚氨酯和聚脲弹性体保护涂层，喷涂在无人机的机腹上，只需很薄一层就可在不影响无人机飞行性能的情况下，使其拥有较强的抗冲击能力和耐磨能力，在降落时机腹部位得到可靠保护，有效延长无人机使用寿命。相对于十字网状玻璃纤维胶带，聚氨酯和聚脲弹性体保护涂层使用寿命更长，同时省去了更换胶带的麻烦，在无人机的全寿命周期中几乎不用进行重新喷涂，成本低，使用效果好，环保无污染，实用性强，性价比高，还适用于其他各种无人机，适用范围广泛。该喷涂装置简单方便易操作，使用时将聚氨酯和聚脲弹性体混合加热，通过喷管喷涂即可；混匀腔顶部边沿设置的尖嘴方便进料及与空气流通，盖体与涂料混合筒体扣合连接，方便对涂料混合筒体的清洗。

3.16　本章小结

针对 UX5 无人机在航测过程中存在的低温环境电池续航短、特殊地区像控点铺设复杂、城区及山区起降点选取复杂、标靶铺设环境复杂、金属连动杆交接件使用时异响、着陆冲击导致机翼损耗大、硬着陆导致升降舵开裂、发射架方向设置不精确及无人机传输信号差等问题，本章研究了 UX5 航测无人机电池保温技术、特殊地形区域航测无人机像控点坐标测量方法、城区起降点选取方法、山区起降点选取方法、快速识别标靶设计、航测无人机像控点布设标靶以及布设方法、固定翼航测无人机马达测试装置及测试方法、减缓无人机连动杆铰接件异响的调节装置、航测无人机机翼修复架及修复方式、航测无人机升降舵开裂修复装置架及修复方法。运用这些关键技术，可以实现 UX5 航测无人机安全、快速、高效、准确的飞行作业，确保其在复杂地形环境条件中正常工作，缩短勘测周期，提高勘测效率，节省作业成本。

第4章 UX5无人机工程应用实例

4.1 河渠交叉建筑物河道地形图航测

4.1.1 项目概况

南水北调总干渠河渠交叉建筑物——大沙河渠道位于河南省博爱县阳庙镇鹿村村南约300m处,本项目需要完成温博段大沙河和潮河段丈八沟1:2000地形图测绘及纵断面绘制工作,要求地形图采用南水北调中线干线施工坐标系统,即高程采用1985国家高程基准,坐标系采用北京1954坐标系。

南水北调河渠交叉建筑物中心线上游2000m、下游3000m,测量宽度为横断面宽度外边线应以河道两岸现状堤防外坡脚外延200m,若无明显堤防则以河道开口边外延200m,河道带状图测图比例尺1:2000,在测量的地形图中应标注房屋、树林、坟地、坑塘、桥梁等地面附着物。

河道纵断面测量:测绘河道中心线,左、右地面线三条纵断面,横断面测量:间距一般为100m,测量宽度为横断面宽度外边线应以河道两岸现状堤防外坡脚外延200m,若无明显堤防则以河道开口边外延200m,需要加测断面(间距加密到50m):跨河建筑物(如桥梁),遇河道地形变化,河道弯道处,局部地形复杂等。建筑物(桥)位置、河道中心线、左右堤在纵断面上标注清楚,各横断面均提供大地坐标并标注在河道地形图上。

4.1.2 项目前期规划

根据航测要求,对焦作南水北调中线总干渠河渠交叉建筑物河道地形使用无人机进行航测。对于要求的区域地理信息,进行航测前期规划,前期的规划包括对业主要求的航测区域进行初步分析,确定是否满足航测条件,具体可以在谷歌地图中查看要求的航测区域内的地形等条件。

将UX5无人机运用到南水北调中线总干渠河渠交叉建筑物河道地形航测项目中,具体前期规划如下。

(1)航测区域初步分析。根据要求确定规划区域,尽可能将区域设置为规则形状,以便地面控制点的布置,在满足可飞行的同时,确保最大程度满足测量范围。再根据UX5无人机性能确定一个飞行架次能控制的最大面积,对该倒虹吸项目进行初步区域规划，部分架次区块如图 4.1 所示。

图 4.1 部分初步规划区域

（2）航线设计。将每个架次区域确定好后，需要进行初步航线设计。设计航线时，需要注意 UX5 无人机的起飞降落位置尽可能在距离飞行区块不超过 3km 的位置，且在地图上没有明显的障碍物出现，该河渠交叉建筑物河道地形工程航测范围内 UX5 无人机起降点以及航线初步设置如图 4.2、图 4.3 所示。

图 4.2 航线设计

图 4.3　航线分析

（3）导出文件。初步航测区块以及航线设置完成后，将其导出为 KML 格式文件，在接下来的外业操作中将其导入到外业航测的手簿中，根据现场起降位置的净空以及实地情况进一步进行调整。

4.1.3　外业航测作业

由第 2 章所述，UX5 无人机外业航测作业主要分为两个部分：UX5 无人机航测与 RTK 移动站测量。首先需要对坐标系进行校正，每个工程所处的坐标系统不尽相同，在进行新的项目前需要到实地进行坐标系的校正，根据业主提供的基准坐标点进行坐标系建立，并铺设标靶点进行飞行航测的地面控制，确保航测数据的精度与准度。另外，还需现场进行实地勘察，选择满足起降条件的位置进行航飞作业，确保 UX5 起降以及飞行过程中的安全性，在保证安全性的前提下，根据航测区域的净空情况适当调整飞行的高度，以提高航测数据的精度。

本章中 UX5 无人机外业航测在南水北调总干渠河渠交叉建筑物河道地形工程项目中的应用以区域 2 为例，具体外业航测过程如下。

（1）RTK 测量地面控制点坐标。RTK 测量点坐标采用载波相位差分技术，实时处理两个测量站载波相位观测量，将基准站采集的载波相位发给用户接收机，进行求差解算坐标。

一般测量工作中，都是使用国家坐标系统（北京 1954 坐标系、西安 1980 坐标系、CGCS2000 大地坐标系）或者地方坐标系，而 GPS 测量结果是基于 WGS84（World Geodetic System 1984）的坐标系统，所以在进行一项新的任务之前，必须要做点校正，以求出两种坐标系统的转换参数。运用 RTK 测量控制点坐标，对该项任务坐标系统与国家坐标系统进行参数校正是精确控制航摄结果的前提。在对南水北调中线总干渠河渠交叉建筑物河道地形航测过程中，首先进行坐标系校正，再对初步规划的4个区域进行地面控制点的测量，以区块2地面控制点测量为例，具体测量标靶如图4.4所示。

（2）UX5无人机飞行作业。在对地面控制点进行测量后，需要再在实地根据地形和土质条件选择合适的起降点。确定起降点位置后，进行发射架的架设，将发射架放置在起飞点位置，朝向逆风方向。再进行着陆点的设置，确保飞机能以尽可能小的损耗着陆，4个飞行区块如图4.5所示、实际航线与起降点如图4.6所示。

图4.4 标靶现场铺设

图4.5 飞行区块

待起飞、着陆点设置完成后，按第2章所述操作流程将飞机进行发射，该过程需要全程监控，确保飞行顺利进行，现场发射前准备如图4.7所示。

飞机发射升空后，需要操作者手持GCS对飞行过程进行实时监控，具体

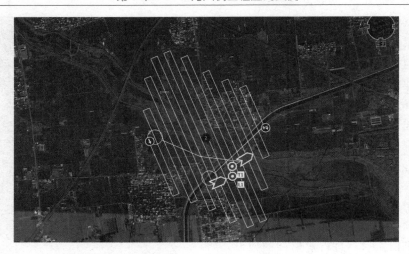

图 4.6　飞行区块航线与起降点

图 4.7　发射前准备

飞行参数及飞行过程中的航测信息如图 4.8 所示。

在飞行结束后，飞机安全着陆并回收飞机后，使用 eBox 数据传输线缆将飞行过程中的航测数据导出到手簿中的飞控软件里，并与 RTK 测量的地面控制点坐标数据一起导出整理，为之后的数据处理提供数据资料。

4.1.4　航测数据处理与成果

根据项目航测要求，UX5 无人机数据处理可使用多种软件进行处理，得出项目所需成果。首先需要将 RTK 测量的地面控制点坐标以及 UX5 无人机

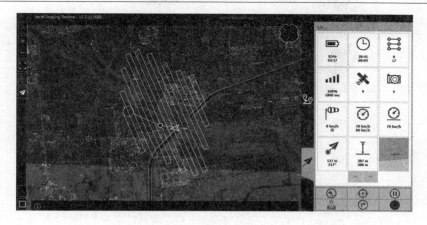

图 4.8 飞行监控

航测数据进行整理，再根据设计要求，使用相应的软件，将航测所得影像资料、地面控制点坐标、空中航测点坐标进行处理，得到拼接后的图像，再进行点云处理，生成数字高程模型等成果。

UX5 无人机航测数据处理与成果在南水北调中线总干渠倒虹吸项目的应用中，具体处理步骤与成果展示如下。

（1）飞行数据与地面控制点坐标整理导入。将整理好后的外业航测数据资料导入到 UASMaster 软件中，根据第 2 章数据处理工作，将外业航测所得影像资料与控制点坐标数据在该软件中进行处理准备。

（2）数字高程模型生成。将影像资料以及地面控制点测量数据导入到 UASMaster 软件后，首先使用 POS 数据对航摄影像坐标进行自动相对定向、模型连接、航带间转点等，完成自动空中三角测量；然后从影像中提取数字表面模型（DSM），再进行滤波处理得到 DEM；对生成的 DEM 对影像进行数字微分纠正，得到正射影像 DOM；最后对正射影像进行拼接和镶嵌匀色，得到影像成果图。南水北调中线总干渠河渠交叉建筑物河道地形正射影像图如图 4.9 所示。

（3）航测成果生成。在使用 UASMaster 软件之后，生成正射影像图的同时，将航摄影像进行处理得到 .las 格式点云数据。根据本项目航测要求，对点云数据进行抽稀等处理，得到高程点云数据。再通过 Arcgis 和南方 CASS 软件对高程点进行处理，将处在河道、树木、房屋上的高程点进行删除处理，得到地面高程点。对照第 2 章数据处理中的生成河道横纵断面线，南水北调中线总干渠河渠交叉建筑物河道地形图如图 4.9 所示，地形图如图 4.10 所示，地物信息如图 4.11 所示，渠道横纵断面成果图如图 4.12 所示。

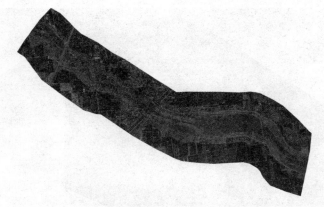

图 4.9 南水北调中线总干渠河渠交叉建筑物河道地形正射影像图

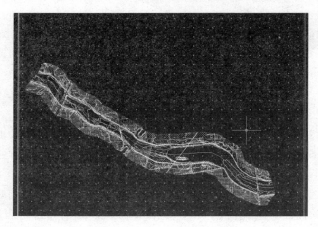

图 4.10 1：2000 地形图

图 4.11 地物信息

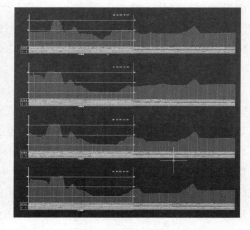

图 4.12 渠道横纵断面成果图

4.2 石家庄灵寿县磁河河道测量

4.2.1 项目概况

本项目位于石家庄灵寿县，在河北省中西部。灵寿县在地质构造上属于华北古陆太行山中段东麓，海拔 1000～2150m，由于断块构造形成了景区内山地沟深坡陡，山势雄奇险秀，峡谷多而幽险。灵寿县属于温带大陆性季风气候，但因地处山区，海拔高度较大，受山地阻隔影响，形成独特的小气候。

本项目需要完成灵寿县磁河以河道两岸 1∶2000 地形图测绘及纵断面绘制工作，为磁河规划治理提供支撑。河道纵断面测量：测绘河道中心线，左、右地面线三条纵断面。横断面测量：间距一般为 100m，测量宽度为横断面宽度外边线应以河道两岸现状提防外坡脚外延 300m。需加测断面（间距加密到 50m）：跨河建筑物（如桥梁），遇河道地形变化，河道弯道处，局部地形复杂等。建筑物（桥）位置、河道中心线、左右堤在纵断面上标注清楚，各横断面均提供大地坐标并标注在河道地形图上。

4.2.2 项目前期规划

根据石家庄灵寿县水利局航测要求，对灵寿县磁河陈庄镇至北洼村段使用无人机进行航测。对于要求的范围与该段磁河的地理信息，进行航测前期规划。前期的规划包括对业主要求的航测区域进行初步审查，确定是否满足航测条件，具体可以在谷歌地图中查看要求的航测区域内的地形条件。

具体规划如下。

（1）航测区域初步分析。根据县水利局的要求，初步规划航测范围，在谷歌地图中进行区域设定，尽量避开海拔过高的山体，尽可能将区域设置为规则形状，以便地面控制点的布置，在满足可飞行的同时，确保最大程度满足测量范围，陈庄镇段磁河区域初步的航测范围如图 4.13 黑色虚线区域所示。

在初步拟定航测范围后，将区域尽可能做到规则，以便飞行航线设计，陈庄镇段磁河调整后的航测区域如图 4.14 黑色实线区域所示。

根据 UX5 飞行的最大飞行能力以及飞行高度，将陈庄镇段磁河区域分为两个架次进行航测，分别为区块 1 和区块 2。

（2）航线设计。确定好飞行区块后，在谷歌地图中初步选定起飞降落点，按正北风向设置航线，观察是否满足飞行条件，如果不行，对飞行高度再进一步调整，区块 1 初步飞行航线如图 4.15～图 4.17 所示。

图 4.13　陈庄镇初步设计区域

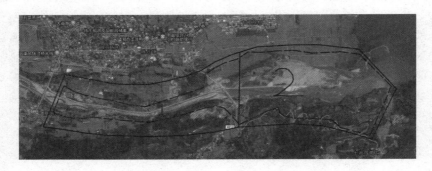

图 4.14　陈庄镇调整后控制区域

图 4.15　正射航线

（3）导出文件。初步航测区块以及航线设置完成后，将其导出为 KML 格式文件，在接下来的外业操作中将其导入到外业航测的手簿中，根据现场起降位置的净空以及实地情况进一步进行调整。

图 4.16 旁向航线

图 4.17 航线分析

4.2.3 外业航测作业

UX5 无人机外业航测在磁河项目中的应用以陈庄镇段磁河区域为例，具体外业航测过程如下：

（1）RTK 测量地面控制点坐标在进行磁河的航测项目之前，首先要做控制点校正，求出基准点坐标系与 RTK 坐标系统的转换参数。运用 RTK 测量控制点坐标，对磁河项目坐标系统与国家坐标系统进行参数校正对航摄结果进行精确控制。在对灵寿县磁河航测过程中，首先进行坐标系校正，再根据磁河航测区域的地形，在每块区域的河道两岸滩地上各铺设两个标靶以及区域中间部位随机铺设一个标靶，对初步规划的 19 个区域进行地面控制点的测量。

（2）UX5 无人机飞行作业。在对地面控制点进行测量后，需要再在实地根据地形和土质条件选择合适的起降点。确定起降点位置后，进行发射架的架设，将发射架放置在起飞点位置，朝向逆风方向，再进行着陆点的设置，确保飞机能以尽可能小的损耗着陆，磁河项目航测所有 19 个飞行架次如图 4.18 所示，其中陈庄镇其中一个架次的实际航线与起降点如图 4.19 所示。

图 4.18　磁河项目航测全部架次

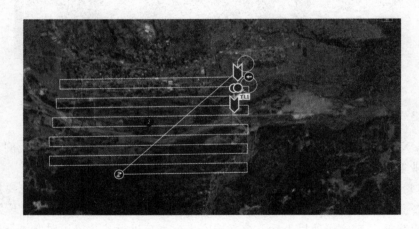

图 4.19　区块 2 实际航线与起降点

　　待起飞、着陆点设置完成后，按第 2 章所述操作流程将飞机进行发射，该过程需要全程监控，确保飞行顺利进行。飞机发射升空后，需要操作者手持 GCS 对飞行过程进行实时监控，具体飞行参数及飞行过程中的航测信息如图 4.20 所示。

　　在飞行结束后，飞机安全着陆并回收飞机后，使用 eBox 数据传输线缆将飞行过程中的航测数据导出到手簿中的飞控软件里，并与 RTK 测量的地面控

图 4.20 飞行监控信息

制点坐标数据一起导出整理，为之后的数据处理提供数据资料。

4.2.4 航测数据处理与成果

根据项目航测要求，UX5 无人机数据处理可使用多种软件进行处理，得出项目所需成果。首先需要将 RTK 测量的地面控制点坐标以及 UX5 无人机航测数据进行整理，再根据设计要求，使用相应的软件，将航测所得影像资料、地面控制点坐标、空中航测点坐标进行处理，得到拼接后的图像，再进行点云处理，生成数字高程模型等成果。

在磁河航测项目中，UX5 无人机航测数据处理与成果的应用以陈庄镇段磁河区域为例，具体处理步骤与成果展示如下：

（1）飞行数据与地面控制点坐标整理导入。将整理好后的外业航测数据资料导入到 UASMaster 软件中，根据第 2 章数据处理工作，将外业航测所得影像资料与控制点坐标数据在该软件中进行处理准备。

（2）数字高程模型生成。将影像资料以及地面控制点测量数据导入到 UASMaster 软件后，首先使用 POS 数据对航摄影像坐标进行自动相对定向、模型连接、航带间转点等，完成自动空中三角测量；然后从影像中提取数字表面模型（DSM），再进行滤波处理得到 DEM；对生成的 DEM 对影像进行数字微分纠正，得到正射影像 DOM；最后对正射影像进行拼接和镶嵌匀色，得到影像成果图，灵寿县磁河陈庄镇段正射影像图如图 4.21 所示。

（3）航测成果生成。在使用 UASMaster 软件之后，生成正射影像图的同时，将航摄影像进行处理得到 .las 格式点云数据。根据本项目航测要求，对点云数据进行抽稀等处理，得到高程点云数据，再通过 Arcgis 和南方 CASS

图 4.21　陈庄镇段正射影像图

软件对高程点进行处理，将处在河道、树木、房屋上的高程点进行删除处理，得到地面高程点。根据第 2 章数据处理得到地形图，陈庄镇段地形图如图 4.22 所示。

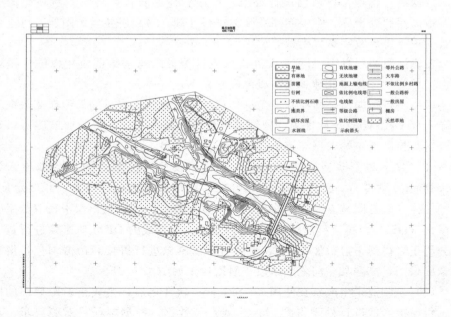

图 4.22　陈庄镇段地形图

4.3 安阳小南海水库地形航测

4.3.1 项目概况

小南海水库位于安阳城西南 35km 处安阳县张二庄村东，后驼村南洹河干流上，截留洹河大峡谷中段而成，控制流域面积 850km²，库容量 8888 万 m³，兴利库容 4718 万 m³。坝型为黏土斜墙堆石坝，长 370m，高 51.3m，顶宽 6m，坝上筑防浪墙高 1.2m。左岸溢洪道最大泄水量 6481m³/s，输水洞长 235.5m，内径 3.5m，最大输水量 124m³/s。小南海水库始建于 1958 年 5 月，至 1960 年 9 月完成大坝填筑、输水洞衬砌、溢洪道开挖等工程；1961—1962 年续建大坝；1967—1981 年，溢洪道挖深、大坝加高、输水洞灌浆；1986 年挖溢洪道下段卡口土方。项目总投资 2205.5 万元，主要建筑物有大坝、溢洪道、输水洞等，水库建设年代久远，需维修清淤。

本项目需要完成小南海水库 1∶2000 地形图绘制工作，在测量的地形图中应标注水工建筑物、林地、水库等地面附着物。

4.3.2 项目前期规划

根据业主航测要求，对安阳小南海水库使用无人机进行航测。对于要求的范围与小南海水库的地理信息，进行航测前期规划，前期的规划包括对业主要求的航测区域进行初步分析，确定是否满足航测条件，具体可以在谷歌地图中查看要求的航测区域内的地形等条件。

将 UX5 运用到小南海水库航测项目前期规划中，具体规划如下：

（1）航测区域初步分析。根据要求确定规划区域，尽可能将区域设置为规则形状，以便地面控制点的布置，在满足可飞行的同时，确保最大程度满足测量范围。再根据 UX5 无人机性能确定一个飞行架次能控制的最大面积，对小南海水库进行初步区域规划，部分架次区块如图 4.23 所示。

（2）航线设计。将每个架次区域确定好后，需要进行初步航线设计。设计航线时，需要注意 UX5 无人机的起飞降落位置尽可能在距离飞行区块不超过 3km 的位置，且在地图上没有明显的障碍物出现，在小南海水库航测工程航测范围内，UX5 无人机其中一个飞行架次的起降点以及航线初步设置如图 4.24 所示。

（3）导出文件。初步航测区块以及航线设置完成后，将其导出为 KML 格式文件，在接下来的外业操作中将其导入到外业航测的手簿中，根据现场起降位置的净空以及实地情况进一步进行调整。

图 4.23　小南海水库初步区域规划

图 4.24　其中一个架次航线设计

4.3.3　外业航测作业

由第 2 章所述，UX5 无人机外业航测作业主要分为两个部分，无人机航测与 RTK 移动站测量。首先需要对坐标系进行校正，每个工程所处的坐标系统不尽相同，在进行新的项目前需要到实地进行坐标系的校正，根据业主提供的基准坐标点进行坐标系建立，并铺设标靶点进行飞行航测的地面控制，确保航测数据的精度与准度。另外，还需现场进行实地勘察，选择满足起降条件的位置进行航飞作业，确保 UX5 起降以及飞行过程中的安全性，在保证安全性的前提下，根据航测区域的净空情况适当调整飞行的高度，以提高航测数据的精度。

　　UX5 无人机外业航测在小南海水库项目中的应用，具体外业航测过程如下：

　　（1）测量地面控制点坐标。在进行安阳小南海水库项目之前，首先要对基准点进行坐标校正，以求出当地坐标系统与 RTK 坐标系统的转换参数。运用 RTK 测量控制点坐标，对当地坐标系统与国家坐标系统进行参数校正是精确控制航摄结果的前提。在对小南海水库航测过程中，首先进行坐标系校正，再对初步规划的 3 个区域进行地面控制点的测量。

　　（2）UX5 无人机飞行作业。在对地面控制点进行测量后，需要再在实地根据地形和土质条件选择合适的起降点。确定起降点位置后，进行发射架的架设，将发射架放置在起飞点位置，朝向逆风方向，再进行着陆点的设置，确保飞机能以尽可能小的损耗着陆，小南海水库 3 个飞行架次如图 4.25 所示，实际航线与起降点如图 4.26 所示。

图 4.25　小南海水库总架次区块

　　待起飞、着陆点设置完成后，按第 2 章所述操作流程将飞机进行发射，该过程需要全程监控，确保飞行顺利进行。飞机发射升空后，需要操作者手持 GCS 对飞行过程进行实时监控，具体飞行参数及飞行过程中的航测信息如图 4.27 所示。

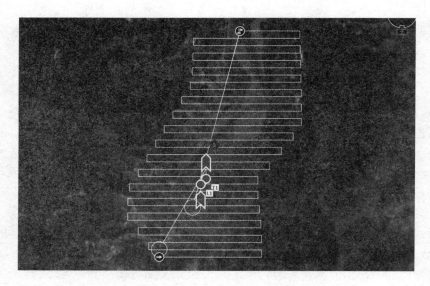

图 4.26　小南海水库区域 3 实际航线与起降点

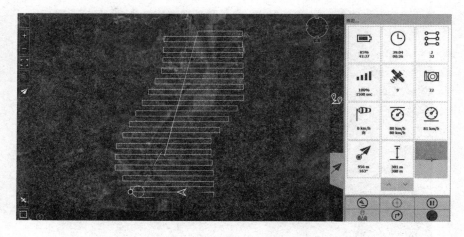

图 4.27　飞行实时监控

在飞行结束后，飞机安全着陆并回收飞机后，使用 eBox 数据传输线缆将飞行过程中的航测数据导出到手簿中的飞控软件里，并与 RTK 测量的地面控制点坐标数据一起导出整理，为之后的数据处理提供数据资料。

4.3.4　航测数据处理与成果

根据项目航测要求，UX5 无人机数据处理可使用多种软件进行处理，得出项目所需成果。首先需要将 RTK 测量的地面控制点坐标以及 UX5 无人机

航测数据进行整理，再根据设计要求，使用相应的软件，将航测所得影像资料、地面控制点坐标、空中航测点坐标进行处理，得到拼接后的图像，再进行点云处理，生成数字高程模型等成果。

UX5 无人机航测数据处理与成果在小南海水库航测项目中的应用，具体处理步骤与成果展示如下：

（1）飞行数据与地面控制点坐标整理导入。将整理好后的外业航测数据资料导入到 UASMaster 软件中，根据第 2 章数据处理工作，将外业航测所得影像资料与控制点坐标数据在该软件中进行处理准备。

（2）数字高程模型生成。将影像资料以及地面控制点测量数据导入到 UASMaster 软件后，首先使用 POS 数据对航摄影像坐标进行自动相对定向、模型连接、航带间转点等，完成自动空中三角测量；然后从影像中提取数字表面模型（DSM），再进行滤波处理得到 DEM；对生成的 DEM 对影像进行数字微分纠正，得到正射影像 DOM；最后对正射影像进行拼接和镶嵌匀色，得到影像成果图，小南海水库正射影像图如图 4.28 所示。

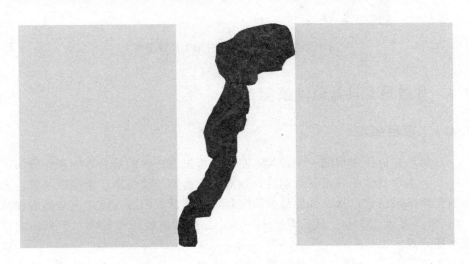

图 4.28　小南海水库正射影像图

（3）河道断面线生成。在使用 UASMaster 软件之后，生成正射影像图的同时，将航摄影像进行处理得到 .las 格式点云数据。根据本项目航测要求，对点云数据进行抽稀等处理，得到高程点云数据。再通过 Arcgis 和南方 CASS 软件对高程点进行处理，将处在河道、树木、房屋上的高程点进行删除处理，得到地面高程点。对照第 2 章数据处理中的生成地形图成果图，小南海水库地形图成果图如图 4.29 所示。

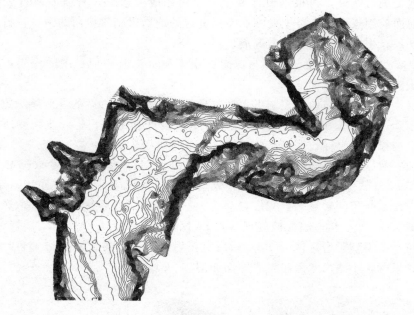

图 4.29　小南海水库部分地形图成果图

4.4　甘肃景泰县盐碱地航测

4.4.1　项目概况

　　盐碱地是盐类集积的一个种类，是指土壤里面所含的盐分影响到作物的正常生长。本项目位于甘肃省景泰县，地处黄土高原与腾格里沙漠过渡地带，为河西走廊东端门户。景泰县地势呈西南高，东北低，山峦丘陵约占全县面积的3/4，最高海拔 3321m，最低海拔 1276m，县内盐碱地面积较大，严重影响农业产品产量。

　　本项目需要完成景泰县盐碱地 1∶2000 的正射影像图，为计算景泰县内盐碱地面积及分布提供技术支撑。

4.4.2　项目前期规划

　　根据甘肃盐碱地项目的航测要求，对甘肃省景泰县盐碱地使用无人机进行航测。对于要求的范围与景泰县的地理信息，进行航测前期规划。前期的规划包括对业主要求的航测区域进行初步审查，确定是否满足航测条件，具体可以在谷歌地图中查看要求的航测区域内的地形等条件。

将 UX5 运用到景泰县盐碱地项目前期规划中，具体规划如下：

（1）航测区域初步分析。根据要求确定规划区域，尽可能将区域设置为规则形状，以便地面控制点的布置，在满足可飞行的同时，确保最大程度满足测量范围。再根据 UX5 无人机性能确定一个飞行架次能控制的最大面积，对景泰县盐碱地进行初步区域规划，部分架次区块如图 4.30 所示。

图 4.30　景泰县初步规划区域

（2）航线设计。将每个架次区域确定好后，需要进行初步航线设计。设计航线时，需要注意 UX5 无人机的起飞降落位置尽可能在距离飞行区块不超过 3km 的位置，且在地图上没有明显的障碍物出现，在景泰县航测工程航测范围内，各架次航测区域如图 4.31 所示，UX5 无人机其中一个飞行架次的起降点以及航线初步设置如图 4.32 所示。

（3）导出文件。初步航测区块以及航线设置完成后，将其导出为 KML 格式文件，在接下来的外业操作中将其导入到外业航测的手簿中，根据现场起降位置的净空以及实地情况进一步进行调整。

4.4.3　外业航测作业

由第 2 章所述，UX5 无人机外业航测作业主要分为两个部分，无人机航测与 RTK 移动站测量。首先需要对坐标系进行校正，每个工程所处的坐标系统不尽相同，在进行新的项目前需要到实地进行坐标系的校正，根据业主提供的基准坐标点进行坐标系建立，并铺设标靶点进行飞行航测的地面控制，确保航测数据的精度与准度。另外，还需现场进行实地勘察，选择满足起降条件的位置进行航飞作业，确保 UX5 起降以及飞行过程中的安全性，在保证安全性

图 4.31　各架次航测区域

图 4.32　航线设计

的前提下，根据航测区域的净空情况适当调整飞行的高度，以提高航测数据的精度。

本章中 UX5 无人机外业航测在景泰县盐碱地航测项目中的应用，具体外业航测过程如下：

（1）测量地面控制点坐标。在进行景泰县盐碱地项目之前，需要对基准坐标点进行点校正，以求出两种坐标系统的转换参数。运用 RTK 测量控制点坐标，对该项目坐标系统与国家坐标系统进行参数校正是精确控制航摄结果的前提。在对景泰县盐碱地航测过程中，首先进行坐标系校正，再对初步规划的14 个区域进行地面控制点的测量。

（2）UX5 无人机飞行作业。在对地面控制点进行测量后，需要再在实地根据地形和土质条件选择合适的起降点。确定起降点位置后，进行发射架的架设，将发射架放置在起飞点位置，朝向逆风方向。再进行着陆点的设置，确保飞机能以尽可能小的损耗着陆，景泰县总航测 14 个架次如图 4.33 所示，实际航线与起降点如图 4.34 所示。

图 4.33　景泰县盐碱地全部架次

待起飞、着陆点设置完成后，按第 2 章所述操作流程将飞机进行发射，该过程需要全程监控，确保飞行顺利进行。飞机发射升空后，需要操作者手持 GCS 对飞行过程进行实时监控，具体飞行参数及飞行过程中的航测信息如图 4.35 所示。

在飞行结束后，飞机安全着陆并回收飞机后，使用 eBox 数据传输线缆将飞行过程中的航测数据导出到手簿中的飞控软件里，并与 RTK 测量的地面控制点坐标数据一起导出整理，为之后的数据处理提供数据资料。

4.4.4　航测数据处理与成果

根据项目航测要求，UX5 无人机数据处理可使用多种软件进行处理，得出项目所需成果。首先需要将 RTK 测量的地面控制点坐标以及 UX5 无人机

图 4.34　区块 7 实际航线与起降点

图 4.35　飞行实时监控

航测数据进行整理，再根据设计要求，使用相应的软件，将航测所得影像资料、地面控制点坐标、空中航测点坐标进行处理，得到拼接后的图像，再进行点云处理，生成数字高程模型等成果。

　　UX5 无人机航测数据处理与成果在景泰县盐碱地航测项目中的应用，具体处理步骤与成果展示如下：

　　（1）飞行数据与地面控制点坐标整理导入。将整理好后的外业航测数据资料导入到 UASMaster 软件中，根据第 2 章数据处理工作，将外业航测所得影像资料与控制点坐标数据在该软件中进行处理准备。

（2）数字高程模型生成。将影像资料以及地面控制点测量数据导入到 UASMaster 软件后，首先使用 POS 数据对航摄影像坐标进行自动相对定向、模型连接、航带间转点等，完成自动空中三角测量；然后从影像中提取数字表面模型（DSM），再进行滤波处理得到 DEM；对生成的 DEM 对影像进行数字微分纠正，得到正射影像 DOM；最后对正射影像进行拼接和镶嵌匀色，得到影像成果图，景泰县盐碱地正射影像图如图 4.36 所示。

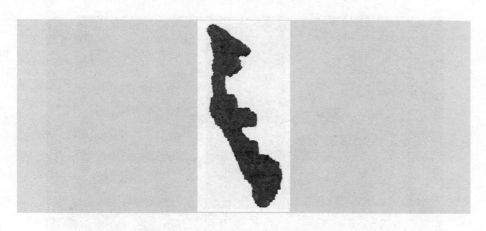

图 4.36 景泰县盐碱地正射影像图

4.5 陕西铜川供水管道航测

4.5.1 项目概况

铜川是陕西省省辖市，地处陕西省中部、关中盆地和陕北高原的接交地带，与延安、渭南、咸阳 3 个地市毗邻，属大陆性季风气候，四季分明，气温月季变化明显，面积 3882km^2。铜川市耀州区为规划整治城市生活用水的排放，需埋设地下管道。

本项目需要完成铜川耀州区 1:2000 地形图测绘工作，为地下管道的埋设位置提供技术支撑，在测量的地形图中应标注居民住房、道路、草地、河道等地面附着物。

4.5.2 项目前期规划

根据业主方提出的航测要求，对铜川市耀州区供水管道使用无人机进行航测。对于要求的范围与耀州区供水管道的地理信息，进行航测前期规划。前期的规划包括对业主要求的航测区域进行初步分析，确定是否满足航测条件，具体可以在谷歌地图中查看要求的航测区域内的地形等条件。

将 UX5 运用到耀州区供水管道项目前期规划中，具体规划如下：

（1）航测区域初步分析。根据要求确定规划区域，尽可能将区域设置为规则形状，以便地面控制点的布置，在满足可飞行的同时，确保最大程度满足测量范围。再根据 UX5 无人机性能确定一个飞行架次能控制的最大面积，对耀州区供水管道进行初步区域规划，部分架次区块如图 4.37 所示。

图 4.37　初步区域设计

（2）航线设计。将每个架次区域确定好后，需要进行初步航线设计。设计航线时，需要注意 UX5 无人机的起飞降落位置尽可能在距离飞行区块不超过3km 的位置，且在地图上没有明显的障碍物出现，在耀州区供水管道航测工程航测范围内，UX5 无人机其中一个飞行架次的起降点以及航线初步设置如图 4.38 所示。

（3）导出文件。初步航测区块以及航线设置完成后，将其导出为 KML 格式文件，在接下来的外业操作中将其导入到外业航测的手簿中，根据现场起降位置的净空以及实地情况进一步进行调整。

4.5.3　外业航测作业

由第 2 章所述可知，UX5 无人机外业航测作业主要分为两个部分，无人机航测与 RTK 移动站测量。首先需要对坐标系进行校正，每个工程所处的坐标系不尽相同，在进行新的项目前需要到实地进行坐标系的校正，根据业主

图 4.38　航线初步设计

提供的基准坐标点进行坐标系建立，并铺设标靶点进行飞行航测的地面控制，确保航测数据的精度与准度。另外，还需现场进行实地勘察，选择满足起降条件的位置进行航飞作业，确保 UX5 起降以及飞行过程中的安全性，在保证安全性的前提下，根据航测区域的净空情况适当调整飞行的高度，以提高航测数据的精度。

　　本章中 UX5 无人机外业航测在耀州区供水管道项目中的应用，具体外业航测过程如下：

　　（1）测量地面控制点坐标。在进行铜川供水管道项目之前，要对基准点坐标进行校正，求出基准点坐标系统与 RTK 坐标系统之间的转换参数。运用 RTK 测量控制点坐标，对该项目坐标系统与国家坐标系统进行参数校正是精确控制航摄结果的前提。在对耀州区供水管道航测过程中，首先进行坐标系校正，再对初步规划的管道区域进行地面控制点的测量。

　　（2）UX5 无人机飞行作业。在对地面控制点进行测量后，需要再在实地根据地形和土质条件选择合适的起降点。确定起降点位置后，进行发射架的架设，将发射架放置在起飞点位置，朝向逆风方向。再进行着陆点的设置，确保飞机能以尽可能小的损耗着陆，该供水管道航测区域如图 4.39 所示，实际航线与起降点如图 4.40 所示。

　　待起飞、着陆点设置完成后，按第 2 章所述操作流程将飞机进行发射，该过程需要全程监控，确保飞行顺利进行。飞机发射升空后，需要操作者手持 GCS 对飞行过程进行实时监控，具体飞行参数及飞行过程中的航测信息如图 4.41 所示。

图 4.39　航测区域

图 4.40　实际航线与起降点

在飞行结束后，飞机安全着陆并回收飞机后，使用 eBox 数据传输线缆将飞行过程中的航测数据导出到手簿中的飞控软件里，并与 RTK 测量的地面控制点坐标数据一起导出整理，为之后的数据处理提供数据资料。

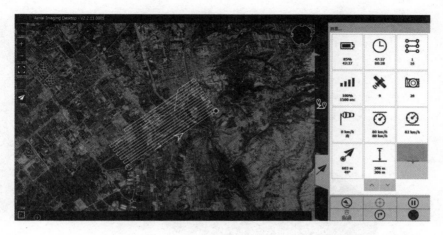

图 4.41　飞行实时监控

4.5.4　航测数据处理与成果

根据项目航测要求，UX5 无人机数据处理可使用多种软件进行处理，得出项目所需成果。首先需要将 RTK 测量的地面控制点坐标以及 UX5 无人机航测数据进行整理，再根据设计要求，使用相应的软件，将航测所得影像资料、地面控制点坐标、空中航测点坐标进行处理，得到拼接后的图像，再进行点云处理，生成数字高程模型等成果。

在耀州区供水管道项目中，UX5 无人机航测数据处理与成果的应用具体处理步骤与成果展示如下：

（1）飞行数据与地面控制点坐标整理导入。将整理好后的外业航测数据资料导入到 UASMaster 软件中，根据第 2 章数据处理工作，将外业航测所得影像资料与控制点坐标数据在该软件中进行处理准备。

（2）数字高程模型生成。将影像资料以及地面控制点测量数据导入到 UASMaster 软件后，首先使用 POS 数据对航摄影像坐标进行自动相对定向、模型连接、航带间转点等，完成自动空中三角测量；然后从影像中提取数字表面模型（DSM），再进行滤波处理得到 DEM；对生成的 DEM 对影像进行数字微分纠正，得到正射影像 DOM；最后对正射影像进行拼接和镶嵌匀色，得到影像成果图，耀州区供水管道项目正射影像图如图 4.42 所示。

（3）航测成果生成。在使用 UASMaster 软件之后，生成正射影像图的同时，将航摄影像进行处理得到 .las 格式点云数据。根据本项目航测要求，对点云数据进行抽稀等处理，得到高程点云数据。再通过 Arcgis 和南方 CASS 软件对高程点进行处理，将处在河道、树木、房屋上的高程点进行删除处理，

183

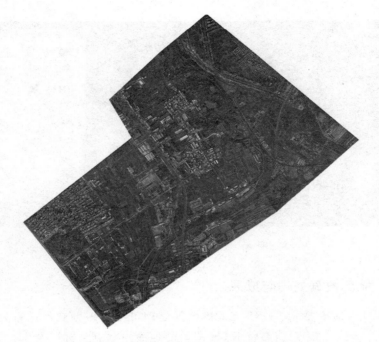

图 4.42 耀州区供水管道项目正射影像图

得到地面高程点，对照第 2 章数据处理中的生成地形图，铜川市耀州区供水管道地形图成果图如图 4.43 所示。

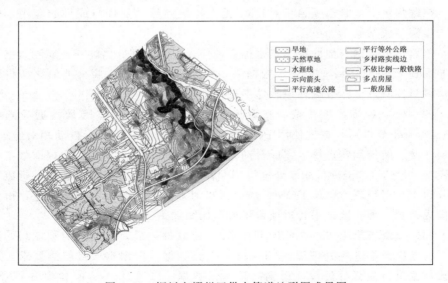

图 4.43 铜川市耀州区供水管道地形图成果图

4.6 平舆县水环境治理地形航测

4.6.1 项目概况

平舆县，隶属于河南省驻马店市，位于驻马店市东部，距市区约 60km，东与新蔡县、安徽省临泉县接壤，北与项城市、上蔡县毗邻，南与正阳县相望，西与汝南县相邻，介于东经 114°24′～114°55′、北纬 32°44′～33°10′之间，总面积 1282km²。

平舆县地处淮北平原，地势平坦，西北略高于东南，海拔为 39～47m，坡降 1/4000～1/6000。平舆县地处淮河水系，有大小河道 3400 余条，全长 4140km。淮河支流小洪河和汝河流经县境，小洪河县境内长 50.2km，流域面积 939km²，占平舆县面积的 73%，汝河县境内长 20.54km，流域面积 290km²，占平舆县面积的 22%。

本项目需要完成平舆县城区 1∶2000 地形图测绘，面积约 120km²，在测量的地形图中应标注房屋、树林、坟地、坑塘、桥梁等地面附着物。

4.6.2 项目前期规划

根据河南省平舆县水利局航测要求，对平舆县使用无人机进行航测。对于要求的范围与平舆县的地理信息，进行航测前期规划。前期的规划包括对业主要求的航测区域进行初步审查，确定是否满足航测条件，具体可以在谷歌地图中查看要求的航测区域内的地形等条件。

本章中 UX5 运用到平舆县航测项目前期规划中以其中一个区域为例，具体规划如下。

（1）航测区域初步分析。根据要求确定规划区域，尽可能将区域设置为规则形状，以便地面控制点的布置，在满足可飞行的同时，确保最大程度满足测量范围。再根据 UX5 无人机性能确定一个飞行架次能控制的最大面积，对平舆县进行初步区域规划，其中一个架次区块如图 4.44 所示。

（2）航线设计。将每个架次区域确定好后，需要进行初步航线设计。设计航线时，需要注意 UX5 无人机的起飞降落位置尽可能在距离飞行区块不超过 3km 的位置，且在地图上没有明显的障碍物出现，在平舆县航测工程航测范围内，UX5 无人机其中一个飞行架次的起降点以及航线初步设置如图 4.45 所示，航线分析如图 4.46 所示。

（3）导出文件。初步航测区块以及航线设置完成后，将其导出为 KML 格式文件，在接下来的外业操作中将其导入到外业航测的手簿中，根据现场起降位置的净空以及实地情况进一步进行调整。

图 4.44　初步区域规划

图 4.45　航线初步设置

图 4.46　航线分析

4.6.3　外业航测作业

由第 2 章所述，UX5 无人机外业航测作业主要分为两个部分，无人机航测与 RTK 移动站测量。首先需要对坐标系进行校正，每个工程所处的坐标系统不尽相同，在进行新的项目前需要到实地进行坐标系的校正，根据业主提供的基准坐标点进行坐标系建立，并铺设标靶点进行飞行航测的地面控制，确保航测数据的精度与准度。另外，还需现场进行实地勘察，选择满足起降条件的位置进行航飞作业，确保 UX5 起降以及飞行过程中的安全性，在保证安全性的前提下，根据航测区域的净空情况适当调整飞行的高度，以提高航测数据的精度。

UX5 无人机外业航测在平舆县航测项目中的应用以其中一块区域为例，具体外业航测过程如下：

（1）测量地面控制点坐标。在进行平舆项目之前，需要对基准点坐标进行校正，求出两种坐标系统的转换参数。运用 RTK 测量控制点坐标，对该项目坐标系统与国家坐标系统进行参数校正是精确控制航摄结果的前提。在对平舆县航测过程中，首先进行坐标系校正，再对初步规划的 93 个区域进行地面控制点的测量。

（2）UX5 无人机飞行作业。在对地面控制点进行测量后，需要再在实地根据地形和土质条件选择合适的起降点。确定起降点位置后，进行发射架的架设，将发射架放置在起飞点位置，朝向逆风方向。再进行着陆点的设置，确保飞机能以尽可能小的损耗着陆，平舆县飞行全部 93 个区块如图 4.47 所示，实际航线与起降点如图 4.48 所示。

图 4.47　平舆县飞行全部 93 个区块

待起飞、着陆点设置完成后，按第 2 章所述操作流程将飞机进行发射，该过程需要全程监控，确保飞行顺利进行。飞机发射升空后，需要操作者手持GCS 对飞行过程进行实时监控，具体飞行参数及飞行过程中的航测信息如图4.49 所示。

图 4.48　其中一个架次实际航线与起降点

图 4.49　实时飞行监控

在飞行结束后，飞机安全着陆并回收飞机后，使用 eBox 数据传输线缆将飞行过程中的航测数据导出到手簿中的飞控软件里，并与 RTK 测量的地面控制点坐标数据一起导出整理，为之后的数据处理提供数据资料。

4.6.4　航测数据处理与成果

根据项目航测要求，UX5 无人机数据处理可使用多种软件进行处理，得出项目所需成果。首先需要将 RTK 测量的地面控制点坐标以及 UX5 无人机航测数据进行整理，再根据设计要求，使用相应的软件，将航测所得影像资料、地面控制点坐标、空中航测点坐标进行处理，得到拼接后的图像，再进行点云处理，生成数字高程模型等成果。

在平舆县航测项目中，UX5无人机航测数据处理与成果的应用具体处理步骤与成果展示如下：

（1）飞行数据与地面控制点坐标整理导入。将整理好后的外业航测数据资料导入到 UASMaster 软件中，根据第 2 章数据处理工作，将外业航测所得影像资料与控制点坐标数据在该软件中进行处理准备。

（2）数字高程模型生成。将影像资料以及地面控制点测量数据导入到 UASMaster 软件后，首先使用 POS 数据对航摄影像坐标进行自动相对定向、模型连接、航带间转点等，完成自动空中三角测量；然后从影像中提取数字表面模型（DSM），再进行滤波处理得到 DEM；对生成的 DEM 对影像进行数字微分纠正，得到正射影像 DOM；最后对正射影像进行拼接和镶嵌匀色，得到影像成果图，平舆县航测正射影像图如图 4.50 所示。

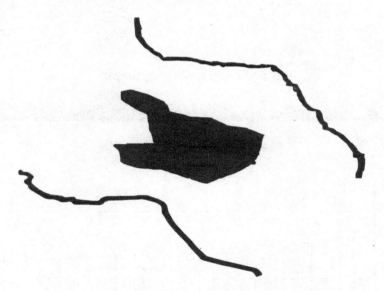

图 4.50　平舆县航测正射影像图

（3）航测成果生成。在使用 UASMaster 软件之后，生成正射影像图的同时，将航摄影像进行处理得到 .las 格式点云数据。根据本项目航测要求，对点云数据进行抽稀等处理，得到高程点云数据。再通过 Arcgis 和南方 CASS 软件对高程点进行处理，将处在河道、树木、房屋上的高程点进行删除处理，得到地面高程点。对照第 2 章数据处理中的生成河道横纵断面线，平舆县小清河航测地形图如图 4.51 所示，渠道横纵断面成果图以小清河为例，小清河河道纵断面成果图如图 4.52 所示，小清河河道横断面成果图如图 4.53 所示。

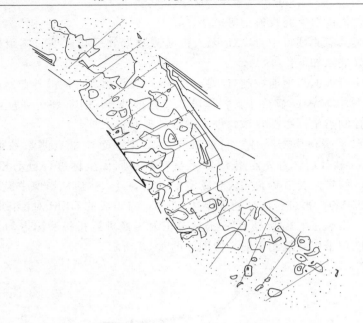

图 4.51　平舆县小清河航测地形图

图 4.52　小清河河道纵断面成果图

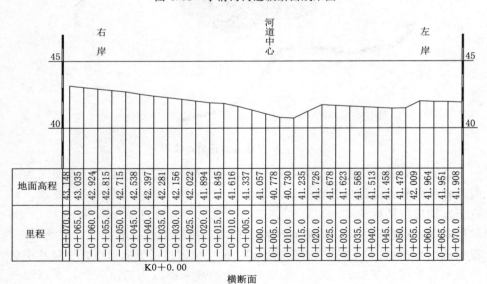

图 4.53　小清河河道横断面成果图

4.7　本章小结

　　本章阐述了天宝 UX5 无人机在南水北调总干渠河渠交叉建筑物河道地形、石家庄灵寿县磁河、安阳小南海水库、甘肃盐碱地、铜川供水管道以及平舆水环境治理航测项目的实际应用，通过项目前期规划、外业航测作业、航测数据处理等步骤，达到项目要求目标，充分发挥了天宝 UX5 无人机的优势。

参 考 文 献

［1］ 程多祥. 无人机移动测量数据快速获取与处理［M］. 北京：测绘出版社，2015.

［2］ 程远航. 无人机航空遥感图像拼接技术研究［M］. 北京：清华大学出版社，2016.

［3］ 郝英好. 无人机发展概览［M］. 北京：国防工业出版社，2016.

［4］ 车敏. 无人机操作基础与实战［M］. 西安：西安电子科技大学出版社，2018.

［5］ 万刚. 无人机测绘技术及应用［M］. 北京：测绘出版社，2015.

［6］ 段连飞. 无人机图像处理［M］. 西安：西北工业大学出版社，2017.

［7］ 宇辰网. 无人机：引领空中机器人新革命［M］. 北京：机械工业出版社，2017.

［8］ 凌志刚. 无人机景象匹配辅助导航技术［M］. 西安：西北工业大学出版社，2016.

［9］ 范天雨，董浩，田振兴，等. 无人机在工程测量中的应用［J］. 山西建筑，2017（11）：209－210，224.

［10］ 张颜，刘梦琪，丁振宇，等. 航测无人机数据处理软件对比分析［J］. 中国高新科技，2018，27（15）：95－97.

［11］ 魏方震，武少丰，吉世鹏，等. 天宝 UX5 无人机航测系统在公路勘察设计中的应用［J］. 测绘通报，2015（3）：138－139.

［12］ 王利锋，王冰，杨令刚. Trimble 无人机 UX5 HP 在矿区测绘中的应用［J］. 测绘通报，2017（2）：163－164.

［13］ 李超. 基于天宝 UX5 无人机摄影测量的成图实践［J］. 地矿测绘，2016（2）：25－27.

［14］ 孙吉海，范天雨，王博. UX5 无人机在地形测量中的应用研究［J］. 内燃机与配件，2018，273（21）：191－193.

［15］ 王海，陈乐. 天宝 UX5 无人机航摄系统在违章测量中的应用［J］. 测绘通报，2017（5）：163－164.

［16］ 丁振宇，范天雨，姜绿圃，等. 无人机低空摄影测量技术在平舆县某镇规划中的应用［J］. 价值工程，2019，38（6）：165－168.

［17］ 聂相田，施楠，范天雨，等. 基于模糊灰色理论的航测无人机飞行安全风险评价［J］. 华北水利水电大学学报（社会科学版），2018，34（3）：14－19.

［18］ 王博，吴瀚，董浩，等. 航测无人机电池保温盒：201820312451.2［P］. 2018－09－04.

［19］ 王博，王富强，仲深意，等. 一种房屋密集区域航测无人机像控点坐标测量方法：201810186931.3［P］. 2019－09－24.

［20］ 王博，王富强，吕艺生，等. 一种山区航测无人机像控点坐标测量方法：201810186414.6［P］. 2019－10－18.

［21］ 王博，王富强，吴瀚，等. 固定翼无人机城区起降点选取方法：201810188165.4［P］. 2019－09－13.

[22] 王博，魏怀斌，范天雨，等. 固定翼无人机山区起降点选取系统的选取方法：201810188164. X [P]. 2019 - 07 - 30

[23] 王博，吕艺生，仲深意，等. 航测无人机像控点布设靶标：201810186934. 7 [P]. 2020 - 02 - 14.

[24] 王博，吕艺生，仲深意，等. 一种用于野外的航测无人机马达测试装置及测试方法：201810188168. 8 [P]. 2019 - 09 - 24.

[25] 王博，吴瀚，范天雨，等. 用于减缓无人机连动杆铰接件异响的调节装置：201820313855.3 [P]. 2018 - 09 - 25.

[26] 王博，王星星，魏怀斌，等. 航测无人机机翼修复架及其修复方法：201810188159.9 [P]. 2019 - 06 - 04.

[27] 王博，王星星，王富强，等. 航测无人机升降舵开裂修复装置及其修复方法：201810188157. X [P]. 2019 - 05 - 28.

[28] 仲深意，王博，颜廷松，等. 一种便于寻找航测无人机的定位装置：201820702169.5 [P]. 2018 - 11 - 30.

[29] 仲深意，王博，颜廷松，等. 航测无人机发射架定向装置：201820702186.9 [P]. 2018 - 11 - 06.

[30] 王博，王星星，吴瀚，等. 一种系留无人机的电磁防护结构：201720824511.4 [P]. 2018 - 02 - 23.

[31] 王博，王星星，范天雨，等. 一种无人机抛伞装置：201720824512.9 [P]. 2018 - 02 - 23.

[32] 仲深意，王博，颜廷松，等. 一种航测无人机保护涂层的喷涂装置：201820702167. 6 [P]. 2019 - 02 - 05.

[33] 王博，吴瀚，仲深意，等. 一种固定翼无人机降落缓冲装置：201820267286.3 [P]. 2018 - 09 - 14.

[34] 鲁恒，李永树，何敬. 大重叠度无人机影像自动展绘控制点方法研究 [J]. 国土资源遥感，2011 (4)：69 - 73.